辽宁省"双高建设"立体化教材
全国船舶工业职业教育教学指导委员会特色教材

U0276215

数控加工技术

主　编　陈　佶
副主编　王　震　王　巍
主　审　张丽华

哈尔滨工程大学出版社
Harbin Engineering University Press

内容简介

本书以数控机床最常见的两大系统 SIEMENS 和 FANUC 为例进行编写,内容涉及手工编程和自动编程两大部分。其中,手工编程以编程指令的学习为主;自动编程引入了 CAXA、UG 等自动编程软件的应用。数控实训加工部分以实际产品为例,从数控加工工艺入手到产品的生产加工,全面讲解了数控加工技术在企业生产中的应用。本书引导学生学习基本操作与编程实际应用,掌握相关知识与技能。

本书可作为中、高职院校的数控技术,机械设计与制造等相关专业的教材或企业培训用书,还可供从事数控机床操作的企业人员参考。

图书在版编目(CIP)数据

数控加工技术 / 陈佶主编. —哈尔滨:
哈尔滨工程大学出版社,2020.9
ISBN 978 - 7 - 5661 - 2784 - 6

Ⅰ. ①数… Ⅱ. ①陈… Ⅲ. ①数控机床 - 加工 - 高等
职业教育 - 教材 Ⅳ. ①TG659

中国版本图书馆 CIP 数据核字(2020)第 172518 号

选题策划 史大伟　薛　力
责任编辑 宗盼盼
封面设计 李海波

出版发行 哈尔滨工程大学出版社
社　　址 哈尔滨市南岗区南通大街 145 号
邮政编码 150001
发行电话 0451 - 82519328
传　　真 0451 - 82519699
经　　销 新华书店
印　　刷 哈尔滨市石桥印务有限公司
开　　本 787 mm × 1 092 mm　1/16
印　　张 10.25
字　　数 242 千字
版　　次 2020 年 9 月第 1 版
印　　次 2020 年 9 月第 1 次印刷
定　　价 33.00 元
http://www.hrbeupress.com
E-mail:heupress@ hrbeu.edu.cn

前　言

数控技术是当今智能制造发展的一项关键技术,在全球制造行业的改革升级中占据着重要地位。在《中国制造2025》规划中,高档数控机床是十大重点发展方向之一。随着职业教育中数控技术专业的不断发展,开发满足职业教育需求且具有产教融合特点的数控技术专业教材成为专业建设和教学的一项重要工作。

本书按照高等职业教育人才培养目标,坚持"以就业为导向,以能力为本位"的原则,在编写的过程中注重理论与实践相结合,突出了企业实践技能的相关知识。本书遵循"基于工作过程导向"的教学理念,以真实案例为任务导引,将数控加工工艺、手工编程及自动编程、生产加工的全过程进行融合。每个学习领域由若干个相互关联而又相对独立的典型工作任务组成,由简到繁,由易到难,循序渐进。

本书采用任务驱动型编写体例,体现了理实一体化与信息化教学模式相结合的混合式教学模式;精选了大量的典型案例进行工艺分析与编程讲解,在内容安排上以"理论够用、凸显技能、强化动手"为原则;体系科学,结构新颖,融合了较多的信息化资源,使学习者更好地理解相关知识与技能;体现了"以学生为主,以教师为辅"的教学思路,引导学生自学、团队合作、相互交流。

本书由渤海船舶职业学院陈佶担任主编,王震、王巍担任副主编,陆显峰、杨梓嘉、杜冰、王焜等参与编写,渤船机械工程有限公司石腾飞、北京发那科机电有限公司赵小宣参与技术指导,渤海船舶职业学院张丽华教授担任主审。其中,陈佶编写了项目二、四、五;王震编写了项目三;王巍编写了项目一;陆显峰、杜冰编写了项目六;陈佶、杨梓嘉负责全书信息化教学资源的制作;王焜负责编写参考文献及书稿图片制作。全书由陈佶统稿。

本书采用"纸质教材与数字化资源相结合"的形式,实现了信息化教学与传统教学的完美融合,将重要知识点以及难以理解的知识点录制成数字化资源,以视频的形式呈现出来,形成了内容丰富、层次分明的信息化立体教材。学习者可以通过扫描二维码观看、学习相关知识点。本书突破了传统的教学模式,更加方便读者学习与理解。

由于编者水平有限,书中难免存在错误和疏漏之处,恳请广大读者批评指正。

编　者
2020 年 5 月

目　录

项目一 船用螺旋桨主轴的数控编程与加工

【任务引入】

一、任务描述

船用螺旋桨主轴零件图如图 1-1 所示。本项目的主要任务是进行船用螺旋桨主轴零件的工艺分析、数控编程、仿真加工和实际加工。

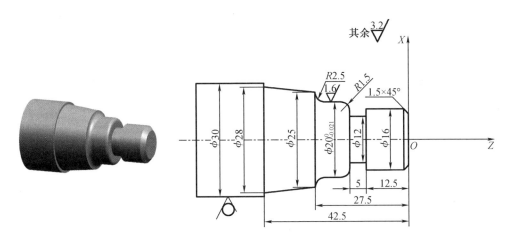

图 1-1 船用螺旋桨主轴零件图（单位:mm）

二、任务分析

本项目的重点是制定轴类零件的加工工艺,设计走刀路线,选择合适的外圆车刀及切槽刀,合理地使用刀具位置补偿和半径补偿,编制主轴加工的数控程序。

【知识链接】

一、坐标系及坐标原点

1. 笛卡儿右手直角坐标系

机床坐标系是机床上固有的、用来确定工件坐标系的基本坐标系。国际标准和我国标准中规定数控机床坐标系采用笛卡儿右手直角坐标系(图 1-2)。基本坐标轴为 X 轴、Y 轴、Z 轴,它们与机床的主要导轨相平行,相对于每个坐标轴的旋转运动坐标分别为 A、B、C。基本坐标轴 X 轴、Y 轴、Z 轴的关系及其正方向用右手定则判定。

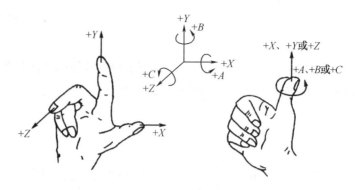

图 1 - 2　笛卡儿右手直角坐标系

2. ISO 标准的有关规定

（1）不论数控机床的具体结构是工件静止、刀具运动，还是刀具静止、工件运动，都假定刀具相对于静止的工件运动。

（2）机床坐标系 X 轴、Y 轴、Z 轴的判定顺序：先 Z 轴，再 X 轴，最后按右手定则判定 Y 轴。

（3）增大刀具与工件之间距离的方向为坐标轴运动的正方向。

3. 数控机床坐标系

Z 轴：平行于主轴轴线的坐标轴为 Z 轴，刀具远离工件的方向为 Z 轴的正方向。

X 轴：X 轴为工件的径向，指向刀具的方向为正方向。

数控机床坐标系如图 1 - 3 所示。

4. 工件坐标系的建立

工件坐标系是编程时使用的坐标系，也称编程坐标系。工件坐标系的坐标轴需根据工件在机床上的安装位置和加工方法来确定，并与机床坐标系的坐标轴平行，正

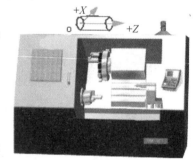

图 1 - 3　数控机床坐标系

方向一致。工件坐标系的建立以编程方便为原则。工件原点一般选择在零件的设计基准上或对称中心上。

机床坐标系是机床运动控制的参考基准，建立在机床上，是固定的物理点，使用者不能改变。工件坐标系是编程时的参考基准，建立在工件上，位置因编程习惯可变。加工时，通过对刀确定工件原点与机床原点的位置关系，将工件坐标系与机床坐标系建立固联关系。

（1）机床原点

机床原点也称机械原点或零点，用"M"表示。它是机床制造商设置在机床上的一个物理位置，是机床坐标系中固有的点。它也是其他坐标系和参考点的基准点。机床原点的作用是使机床与控制系统同步，建立测量机床运动坐标的起始位置。

（2）机床参考点

机床参考点也称基准点，用"R"表示。它是大多数具有增量位置测量系统的数控机床所必须具有的，是数控机床工作区确定的一个固定点，与机床原点有确定的尺寸联系。参

考点在机床坐标系中,用固定挡块或限位开关等硬件限定各坐标轴的位置,并通过精确测量指定参考点到机床原点的距离。因此,这样的参考点称为硬参考点。具有相对位置检测系统的机床每次通电后,要先回参考点操作,数控装置通过参考点确认机床原点的位置,建立机床坐标系。

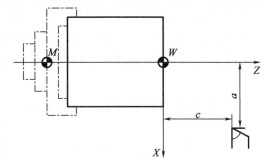

（3）工件原点

工件原点也称程序原点或编程原点,用"W"表示。它是编程时定义在工件上的几何基准点。工件原点需根据编程计算方便、机床调整方便、对刀方便以及零件的特点来确定。

机床原点与工件原点的关系如图 1 – 4 所示。

图 1 – 4　机床原点与工件原点的关系

二、数控车床的编程特点

1. 程序的结构

一个完整的程序由程序号、程序内容和程序结束指令三部分组成。为了区别数控系统中存储的程序,每个程序都要进行编号。程序号由程序号地址符"O"和4位有效数字组成,如 O0001。程序内容是整个程序的核心,它由若干个程序段组成,每个程序段由一个或多个程序字构成,表示机床要完成的指定动作,并以 M02 或 M30 作为整个程序的结束指令。

程序字通常由地址符和数字组成。FANUC 0i Mate-TC 系统常用地址符的含义见表 1 – 1。

表 1 – 1　FANUC 0i Mate-TC 系统常用地址符的含义

功能	地址符	解释
程序号	O、P、%	程序编号,子程序号的指定
程序段号	N	程序段顺序号
准备功能	G	机床动作方式指令
坐标字	X、Y、Z、U、V、W	坐标轴的移动地址
	A、B、C、U、V、W	附加轴的运动地址
	I、J、K	圆心坐标地址
圆弧半径	R	圆弧半径地址
进给速度	F	进给速度的指令和螺纹导程
主轴功能	S	主轴转速指令
刀具功能	T	刀具编号指令
辅助功能	M	机床开/关指令
补偿功能	H、D	补偿号指令

表 1－1（续）

功能	地址符	解释
暂停功能	P、X	暂停时间指令
重复次数	L	子程序及固定循环的重复次数指令

2. 绝对值编程/增量值编程

各轴移动量的指令方法有绝对值指令和增量值指令两种。绝对值坐标用(X, Z)表示；增量值坐标用(U, W)表示。

3. 直径编程

对于数控车削中 X 轴方向坐标，无论是绝对值编程还是增量值编程，均采用直径编程。

在图 1－5 中，刀具从 A 点移动到 B 点的绝对值坐标指令为 X30 Z70；增量值坐标指令为 U－30 W－40。另外，在数控机床中也可用二者混合编程，即坐标指令也可写为 X30 W－40 或者 U－30 Z70。具体用哪种坐标指令编程可根据零件所给的尺寸关系来确定。

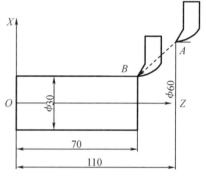

图 1－5　直径编程
（单位：mm）

三、几个重要概念

1. 脉冲当量

相对于每一脉冲信号的机床运动部件的位移量称为脉冲当量，也称最小设定单位。

脉冲增量插补是行程标量插补，每次插补结束产生一个行程增量，以脉冲的方式输出。这种插补算法主要应用在开环数控系统中，在插补计算过程中不断向各坐标轴发出互相协调的进给脉冲，驱动电机运动。脉冲当量是脉冲分配的基本单位，按机床设计的加工精度选定。普通精度的机床一般取脉冲当量为 0.01 mm；较精密的机床一般取脉冲当量为 0.001 mm 或 0.005 mm。脉冲当量影响数控机床的加工精度，它的值越小，加工精度越高。

2. 插补

在数控机床中，对于刀具不能严格地按照要求加工的曲线运动，只能用折线轨迹逼近所要加工的曲线。插补就是一种根据给定的数学函数，在理想的轨迹式轮廓上的已知点之间确定一些中间点的方法。

3. 基点和节点

（1）基点

各个几何元素间的连接点称为基点。

（2）节点

用若干直线段或圆弧段来逼近给定的曲线，逼近线段的交点或切点称为节点。

（3）非圆曲线

在数控加工中，把除直线与圆弧之外可以用数学方程式表达的平面廓形曲线称为非圆曲线。

因为一般数控系统只具有直线、圆弧插补功能,所以对于非圆曲线的加工必须将其曲线分割为若干直线段或圆弧段,求出节点坐标,才能实现曲线的加工。因此,节点坐标的计算是曲线加工的关键。

4.刀位点、对刀点和换刀点

(1)刀位点

刀位点是刀具的定位基准点,是刀具上代表刀具位置的参照点。进行数控加工编程时,刀具在机床上的位置由刀位点的位置表示。常用刀具刀位点的规定:立铣刀、端铣刀的刀位点为刀具轴线与刀具底面的交点;球头铣刀的刀位点为球心;镗刀、车刀的刀位点为刀尖或刀尖圆弧中心;钻头的刀位点为钻尖或钻头底面中心。

(2)对刀点

对刀点是在数控机床上加工工件时,刀具相对工件运动的起点。由于程序也从该点开始执行,因此对刀点又称起刀点或程序起点。对刀点可以设在零件、夹具或机床上,但为了提高工件的加工精度,应尽可能设在零件的设计基准或工艺基准上。

保证对刀点和刀位点重合的过程称为对刀。对刀是为了确定机床坐标系与工件坐标系之间的位置关系。

(3)换刀点

换刀点是指加工过程中需要换刀时刀具的相对位置点。换刀点往往设在工件的外部,以能顺利换刀、不碰撞工件及其他部件为准。

对刀点与换刀点的确定是数控加工工艺分析的重要内容之一。

四、车削基本指令应用

1.进给功能(F功能)

(1)快速进给

当给出快速定位指令时,刀具以快速进给速度定位,此速度由机床参数设定,并不由指令中的 F 来指定。但是,其快慢仍可由机床操作面板上的倍率开关 F0、25%、50%、100%来调节。

(2)切削进给

刀具的切削进给速度由 F 后面的数值指定。F 后面的数值指切削进给的切线方向速度。

切削进给的速度倍率可由机床操作面板上的倍率开关 0～150%来调节,但螺纹切削时无效。

在 FANUC 数控机床的编程指令中,用 G98 指令每分钟进给方式时,F 后面的数值单位为 mm/min;用 G99 指令每转进给方式时,F 后面的数值单位为 mm/r。G98、G99 指令均为模态指令,可互相替代。

模态指令又称续效指令,在一个程序段中一经指定,便一直有效,直到后面程序段中出现同组另一指令或被其他指令取消时才失效。编写程序时,与上段相同的模态指令可以省略不写。不同组模态指令编在同一程序段内,不影响其续效,如 G00、G41、M03 及 F、S 等。非模态指令又称非续效指令,其功能仅在出现的程序段有效,如 G04、M00 等。

2. 辅助功能(M 功能)

辅助功能主要用来表示机床操作时各种辅助动作及其状态。它由 M 及其后的两位数字组成。FANUC 0i Mate-TC 系统常用的 M 代码及其功能见表 1 – 2。在编程时,一个程序段中通常只使用一个 M 代码,以免机床执行程序时产生误操作。

表 1 – 2   FANUC 0i Mate-TC 系统常用的 M 代码及其功能

代码	功能	代码	功能
M00	程序停止	M07	切削液开(喷雾)
M01	选择停止	M08	切削液开
M02	程序结束	M09	切削液关
M03	主轴正转	M30	停止程序结束并返回
M04	主轴反转	M98	调用子程序
M05	主轴停止	M99	子程序结束并返回主程序

(1)程序停止、选择停止(M00、M01)

执行完 M00 指令的程序段之后,程序停止自动运行,此时模态信息被保存,按下"循环启动"按钮,重新开始自动运行。进行尺寸检验、排屑或插入必要的手工动作时,用此功能很方便。

与 M00 一样,执行完 M01 指令的程序段之后,程序停止自动运行。但是,只有当机床操作面板上的"任选停止开关"有效时,计算机数字控制机床(CNC)才执行 M01 指令,否则该指令在程序中无效。

(2)程序结束(M02、M30)

执行 M30 指令,程序停止自动运行,变为复位状态,光标返回程序的开头;执行 M02 指令,光标不返回程序的开头,重新运行程序需按"复位"按钮。

(3)主轴正转、主轴反转、主轴停止(M03、M04、M05)

执行 M03、M04、M05 指令可分别使主轴正转、反转和停止。

(4)切削液开、切削液关(M08、M09)

切削液的开关可由程序指定,也可手动设置。

3. 主轴功能(S 功能)

主轴功能用于指定主轴转速或速度,由地址 S 和其后的数字组成。

(1)恒线速度控制(G96):系统执行 G96 指令后,S 后面的数值表示切削速度。例如,G96 S100 表示切削速度为 100 m/min。

(2)主轴转速控制(G97):系统执行 G97 指令后,S 后面的数值表示主轴每分钟的转数。

例如,G97 S800 表示主轴转速为 800 r/min,系统开机时为 G97 状态。

（3）主轴最高速度限定（G50）:G50 除有坐标系设定功能外,还有主轴最高转速设定功能,即用 S 指定的数值设定主轴每分钟的最高转速。例如,G50 S2000 表示主轴转速最高为 2 000 r/min。

用恒线速度控制加工端面、锥度和圆弧时,由于 X 坐标值不断变化,当刀具逐渐接近工件的旋转中心时,主轴转速会越来越高,工件有从卡盘飞出的危险,因此为防止事故的发生,有时必须限定主轴的最高转速。

4.刀具功能（T 功能）

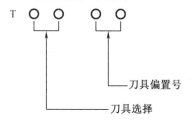

例如,T0303 表示选择 3 号刀具,使用 3 号偏置量。

F 功能、M 功能、S 功能、T 功能均为模态代码。

五、常用准备功能指令应用

1.快速点定位（G00）

G00 指令使刀具以快速进给速度移动到工件坐标系的某一点。G00 指令为模态代码。

格式:G00 X(U)__Z(W)__。

说明:X(U)__Z(W)__是目标点坐标指令。

执行 G00 指令移动刀具时,刀具轨迹并非直线,各轴以最快速度移动。

执行 G00 指令时,要注意刀具是否和工件或夹具相互干涉,忽略这一点就容易发生碰撞,而在快速状态下的碰撞更加危险。

2.直线插补（G01）

G01 指令使刀具以插补联动方式按指定的进给速度做任意斜率的直线运动。G01 指令为模态代码。

格式:G01 X(U)__Z(W)__F__。

说明:X(U)__Z(W)__是目标点坐标指令;F__是进给速度指令。

例 1-1　在图 1-6 中,刀具轨迹编程如下:

```
O1001                    设定程序号
T0101 S600 M03           设定切削参数
G00 X50 Z2               （P0→P1）
G01 Z -40 F0.1           （P1→ P2）
X80 W -20                （P2→P3）
G00 X200 Z100            （P3→P0）
M30                      程序结束
```

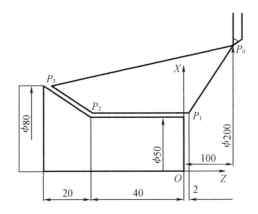

图 1−6　G00 和 G01 指令应用(单位:mm)

3. 圆弧插补(G02/G03)

G02/G03 指令使刀具按指定的进给速度做圆弧切削运动。G02、G03 均为模态代码。

(1)格式:G02/G03 X(U)__Z(W)__ R__ F__或 G02/G03 X(U)__Z(W)__ I__ K__ F__。

(2)G02、G03 指令中各指令字的含义见表 1−3。

表 1−3　G02、G03 指令中各指令字的含义

项目	指定内容		指令	含义
1	旋转方向		G02	顺时针旋转(CW)
			G03	逆时针旋转(CCW)
2	终点位置	绝对值	X、Z	终点坐标
		增量值	U、W	从始点到终点的距离
3	从圆心到始点的距离		I、K	圆心相对于起点的坐标(带符号)
	圆弧的半径		R	圆弧的半径
4	进给速度		F	沿着圆弧的速度

(3)顺时针与逆时针的判别:向着弧所在平面(XZ 平面)的垂直坐标轴(Y 轴)的负方向(−Y 轴)看去,顺时针方向为 G02,逆时针方向为 G03。

例 1−2　在图 1−7 中,顺圆弧插补编程如下:

```
O1002
T0101 S1200 M03
G00 X20 Z2
G01 Z−30 F0.1
G02 X40 W−10 R10
G00 X100 Z20
M30
```

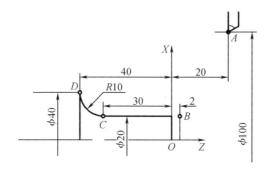

图1-7　顺圆弧插补举例(单位:mm)

4. 暂停(G04)

G04指令使程序暂停,即执行前一个程序段后,经过延时,再执行下一个程序段。G04指令为非模态代码。

格式:G04 X___或G04 P___。

在上述指令中,X后面采用小数点指定,单位为s;P后面不能采用小数点指令,单位为ms。例如,暂停2.5 s的指令为G04 X2.5或G04 P2500。

程序暂停指令在数控机床上一般用于车槽、镗孔、钻孔指令后,以提高表面质量及有利于铁屑充分排出。

六、刀具补偿功能

刀具补偿功能是数控车床的主要功能之一。它分为刀具位置补偿和刀具圆弧半径补偿。

1. 刀具位置补偿

刀具位置补偿是指当车刀的实际位置与编程理论位置存在差值时,通过设定刀具位置补偿值,使刀具分别在X轴和Z轴方向获得相应的补偿量。它是操作者控制工件尺寸的重要手段之一。如图1-8(a)所示,假定以刀架中心A作为编程起点,刀具安装后,刀具的刀位点与编程起点A不重合,必然会存在一定的偏移,其偏移量为ΔX、ΔZ。如果将ΔX、ΔZ输入相应的存储器中,当程序执行到刀具补偿功能时,原来的编程起点A就被刀具的刀位点代替了,如图1-8(b)所示。当刀具磨损或工件尺寸有误差时,只需修改存储器中的ΔX、ΔZ值即可。例如,某工件加工后,若外圆直径比要求的尺寸大0.02 mm,则可以用U-0.02修改相应存储器中的ΔX值;当长度方向尺寸有偏差时,修改方法相同。由此可见,刀具位置补偿可以根据实际需要分别在轴向和径向进行修正。修正的方法是在程序中事先给定刀具号及刀补号,每个刀补号中的X向刀补值和Z向刀补值由操作者按实际需要输入数控装置。每当程序调用这一刀补号时,该刀补值就生效,使刀具从偏离位置恢复到编程轨迹上,从而实现刀具偏移量的修正。需要注意的是,刀补程序段内必须有G00或G01功能才能有效;偏移量补偿必须在一个程序段的执行过程中完成,这个过程不能省略。

车刀形状和位置是多种多样的,车刀形状决定刀尖圆弧的位置。和刀具偏移量一样,必须在加工前设定刀尖相对于工件的方位。假想刀尖的方位由切削时的刀具方向确定,观察基点为刀尖圆弧的中心。

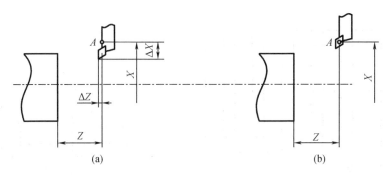

图 1－8　刀具位置补偿

假想刀尖的方位可分为 9 种,图 1－9 标示了刀具与出发点的位置关系及对应的编号。*A* 点为假想刀尖,假想刀尖号的设定地址是偏置号画面的 OFT。

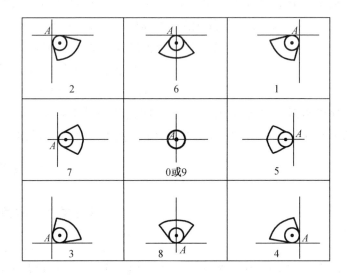

图 1－9　刀尖的方位

2.刀具圆弧半径补偿

(1)刀具圆弧半径补偿的应用

编制数控机床加工程序时,将车刀刀具看作一个点。但是,为了提高刀具强度和工件表面的加工质量,延长刀具的使用寿命,通常将车刀刀具磨成圆弧状。编程时以理想刀具的刀尖点来编程,数控系统控制刀尖点的运动轨迹。切削时,实际起作用的切削刃是刀具圆弧的各切点,这会产生加工表面的形状误差,而刀具圆弧半径补偿功能就是用来补偿由刀具圆弧半径 R 引起的工件形状误差。车内外圆柱、端面时,刀具实际切削刃的轨迹与工件轮廓一致,并无误差产生。如图 1－10 所示,车锥面时,工件轮廓为实线,实际车出形状为虚线,故产生误差 δ。同样,如图 1－11 所示,车圆弧面时产生误差 $\delta_1 \sim \delta_2$。若工件要求不高或留有精加工余量,则可忽略此误差,否则应考虑刀具圆弧半径对工件形状的影响,对刀具圆弧半径进行补偿。

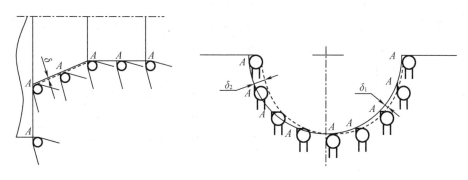

图 1-10　车锥面产生的误差　　　　图 1-11　车圆弧面产生的误差

（2）刀具圆弧半径补偿的基本原理

在编制零件加工程序时，不用计算刀具圆弧中心运动轨迹，只按零件轮廓编程即可。刀具圆弧半径补偿值可以通过手动输入，即直接从控制面板上输入，数控系统便能自动地计算出刀具圆弧中心轨迹，并按刀具圆弧中心轨迹运动。在执行刀具圆弧半径补偿时，刀具自动偏离工件轮廓一个刀具圆弧半径，从而加工出所要求的工件轮廓。当刀具磨损时，刀具圆弧半径变小，可更换刀具；当刀具圆弧半径变大（或小）时，只需更改输入的刀具圆弧半径补偿值，即可加工出符合要求的零件。

（3）刀具圆弧半径补偿的定义

刀具左补偿（G41）：如图 1-12（a）所示，顺着刀具运动方向看，刀具在零件的左侧。

刀具右补偿（G42）：如图 1-12（b）所示，顺着刀具运动方向看，刀具在零件的右侧。

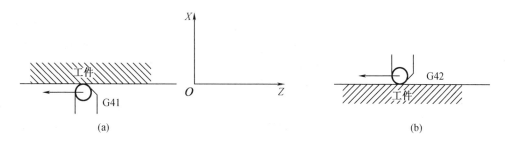

图 1-12　刀具半径补偿

取消刀具左、右补偿（G40）：这时，车刀轨迹按理论刀尖轨迹运动。

（4）刀具圆弧半径补偿的编程规则

G40、G41、G42 只能与 G00、G01 结合编程，不允许与 G02、G03 等结合编程，否则报警。在编入 G40、G41、G42 的 G00 与 G01 前后的两个程序段中，X、Z 值至少有一个值变化，否则报警。在调用新的刀具前，必须取消刀具补偿，否则报警。

3. 刀尖半径和位置的输入

刀具参数设置见表 1-4 和表 1-5。

表 1-4 刀具几何形状补偿

番号	X	Z	R	T
01	10.040	50.202	0.8	3
02	20.064	30.030	0.2	2
03	0	0	0	—

表 1-5 刀具磨损补偿

磨损补偿号	OFWX （X 轴磨损补偿量）	OFWZ （Z 轴磨损补偿量）	OFWR （刀尖半径 R 磨损补偿量）	OFT （假想刀尖方位）
W01	0.040	0.020	0	1
W02	0.060	0.030	0	2
W03	0	0	—	6

【任务实施】

一、传动轴工艺分析

此零件尺寸标注正确,轮廓描述完整。最大外圆表面尺寸为 $\phi28$ mm,整个零件需加工部分长 42.5 mm,因此毛坯选择 $\phi30$ mm×60 mm。对于 $\phi20_{-0.021}^{0}$ mm 这个尺寸,采用最大极限尺寸与最小极限尺寸之间的中值尺寸 $\phi19.99$ mm 编程,表面粗糙度 $Ra1.6$ mm 由精车保证,未注倒角为 $C1$。

1. 确定加工工艺路线

以零件右端面中心作为工件坐标系原点。加工起点和换刀点设为同一点,其位置的确定原则为方便拆卸工件,不发生碰撞,空行程较短,等等,故加工起点和换刀点设在 X100 Z50 位置。加工工艺路线为:粗车右端外圆表面→精车右端外圆表面→车退刀槽→切断。

2. 选择切削用量

外圆车刀 T01,刀具主偏角为 93°;切槽(断)刀 T02,刀宽为 5 mm。上述刀具材料为硬质合金,切削用量见表 1-6。

表 1－6　传动轴数控加工工序（工步）卡片

数控加工工序（工步）卡片		零件图号	零件名称	材料	使用设备
		CDZ－001	传动轴	45#	数控车床
工步号	工步内容	刀具号	刀具名称	刀具规格	主轴转速 /(r·min⁻¹)	进给量 /(mm·r⁻¹)	备注
1	粗车右端外圆表面	T01	外圆车刀	主偏角为93°	500	0.15	精加工余量0.5 mm
2	精车右端外圆表面	T01	外圆车刀	主偏角为93°	1 200	0.1	
3	车退刀槽	T02	切槽（断）刀	刀宽为5 mm	500	0.06	
4	切断,控制零件总长	T02	切槽（断）刀	刀宽为5 mm	500	0.05	

二、传动轴数控编程

传动轴数控编程见表 1－7。

表 1－7　传动轴数控编程

T0101 S1000 M03	G01 X16.99 F0.15
G00 X35 Z0	Z－17.5
G01 X－1 F0.1	G03 X19.99 W－1.5 R1.5
Z5	G01 X23
X28 F0.15	G00 Z5
Z－42.5	X17
X32	G01 Z－17.5 F0.15
G00 Z5	X23
G42 G01 X25 F0.15	G00 Z2
Z－27.5	G01 X9 F0.1
X28 Z－42.5 F0.1	X16 Z－1.5
G00 X32	Z－17.5
Z5	G00 G40 X32
G01 X22 F0.15	X100 Z50
Z－25	T0202 S500 M03
G02 X27 W－2.5 R2.5	G00 X23 Z－17.5
G00 Z5	G01 X12 F0.05
G01 X19.99 F0.1	G04 X1.0
Z－25	G01 X23
G02 X24.99 W－2.5 R2.5	G00 X100 Z50
G01 X28	M05
G00 Z5	M30

三、船用螺旋桨螺纹主轴的自动编程

打开 CAXA 数控车软件,系统默认 XY 平面,选择 XY 平面为当前绘图基准面。

单击"直线"图标($\diagup$),将"非正交"切换为"正交"方式,以坐标原点为起点,向 X 轴负方向画一条长度为 60 的线后按回车键确定,如图 1－13 和图 1－14 所示。

图 1－13　命令菜单栏(一)　　　　　　　图 1－14　画直线

单击"直线"图标,以坐标原点为起点,向 Y 轴正方向画一条长度为 8 的线后按回车键确定,再向左画一条长度为 17.5 的线后按回车键确定,再向上画一条长度为 2 的线后按回车键确定,再向左画一条长度为 10 的线后按回车键确定,再向上画一条长度为 2.5 的线后按回车键确定,显示图如图 1－15 所示。

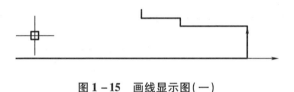

图 1－15　画线显示图(一)

单击"等距"图标($\daleth$),点击长度为 60 的直线,选取方向为向上,等距出一条距离为 14 的线,如图 1－16 和图 1－17 所示。

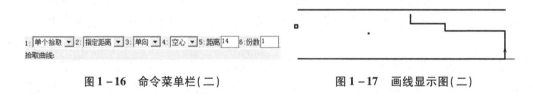

图 1－16　命令菜单栏(二)　　　　　　图 1－17　画线显示图(二)

单击"等距"图标,点击长度为 8 的线,然后向左等距出一条距离为 42.5 的线,并延长直线与等距出的直线相交,单击"直线"图标,将"正交"切换为"非正交",依次点击交点与上一步的结束点,如图 1－18 和图 1－19 所示。

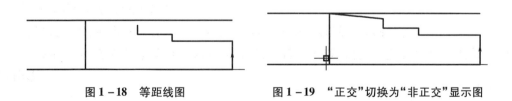

图 1－18　等距线图　　　　　　图 1－19　"正交"切换为"非正交"显示图

删除作图时的辅助直线,如图 1－20 所示。

图 1-20　删除作图时的辅助直线图

单击"过渡"图标(　)，选择屏幕左下方"倒角"方式，倒角长度为 1.5，点击线段 1 和线段 2，如图 1-21 和图 1-22 所示。

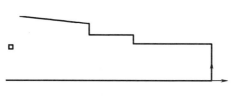

图 1-21　命令菜单栏(三)　　　　　　图 1-22　倒角显示图(一)

单击"过渡"图标，选择屏幕左下方"圆角"方式，半径为 1.5，点击线段 3 和线段 4，将半径改为 2.5，点击线段 5 和线段 6，如图 1-23 和图 1-24 所示。

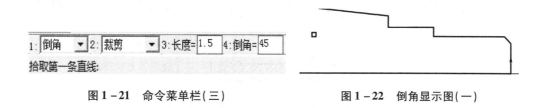

图 1-23　命令菜单栏(四)　　　　　　图 1-24　圆角显示图

画出毛坯的尺寸线(设置毛坯为 30)，并将整个图形绘制成封闭曲线，如图 1-25 所示。

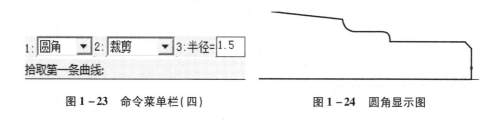

图 1-25　毛坯封闭尺寸图

单击"轮廓粗车"图标(　)，输入粗车参数，输入完毕点击"确定"按钮，如图 1-26 至图 1-29 所示。

点击"确定"后，开始拾取零件轮廓，点击倒角线段→单击左侧任意一点指定加工方向→点击左侧垂直的线段，轮廓拾取完成；开始拾取毛坯轮廓，点击右侧倒角上方的垂直线段→单击左侧任意一点指定毛坯方向→点击水平线段→点击图形外右上方高于毛坯轮廓的任意一点，刀具轨迹生成完毕，如图 1-30 所示。

图1-26　加工精度参数设置

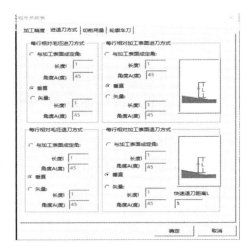

图1-27　进退刀方式参数设置

图1-28　切削用量设置

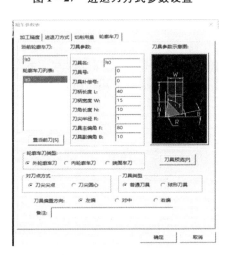

图1-29　刀具参数设置

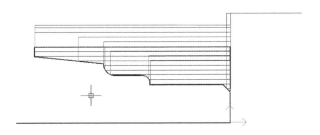

图1-30　刀具轨迹生成图

单击"代码生成"图标(G̲)，点击"确定"按钮，然后点击图形内刀具轨迹，单击鼠标右键，即出现此零件车外轮廓编程。

四、车削仿真加工

1. 系统面板介绍

FANUC 0i 系统面板如图 1－31 所示。其各按键解释见表 1－8。

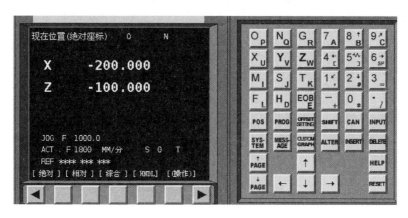

图 1－31　FANUC 0i 系统面板

表 1－8　FANUC 0i 系统面板各按键解释

按键	定义	解释
A～Z、0～9	字母、数字键	用于输入程序和参数等数据信息
POS	位置	CRT 屏幕上显示坐标位置
PROG	程序	程序显示与编辑
OFFSET SETTING	参数输入	显示或输入刀具偏置量和磨耗值
SHIFT	上挡键	切换一个键上的两个字母或数字的输入
CAN	退格键	取消输入区中的数据
INPUT	输入键	将输入区内的数据输入参数页面
SYS-TEM	系统参数	显示诊断数据或进行系统参数设置
MESS-AGE	信息	显示报警和用户提示信息
CUSTOM GRAPH	图形参数设置	显示或输入设定,选择图形模拟方式
ALTER	替换键	用输入的数据替换光标所在的数据
INSERT	插入键	将输入区中的数据插入光标之后的位置
DELETE	删除键	删除光标所在的数据或删除程序
PAGE PAGE	翻页键	用于向上或向下翻页
↑ ↓ ← →	光标移动键	用于向上、向下、向左、向右移动光标
HELP	帮助键	系统帮助
RESET	复位键	用于程序或报警复位
EOB E	回车换行键	结束一行程序的输入并换行

2.机床面板介绍

机床面板如图 1 - 32 所示。其各按键解释见表 1 - 9。

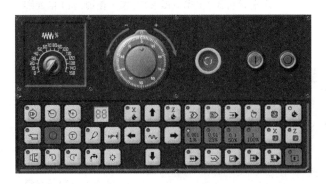

图 1 - 32　机床面板

表 1 - 9　机床面板各按键解释

按键	定义	解释
	急停	在任何情况下,按一下"急停"按钮,机床和 CNC 装置随即处于紧急停止状态,屏幕上出现"EMG"
	电源开、关	机床上电、断电
	进给倍率	对 X 轴、Z 轴的进给倍率在 0 ~ 150% 调节。车削螺纹时,该控制旋钮无效
	手轮	用于刀具的微量进给
	回原点模式及回原点指示灯	使机床回到 X 轴与 Z 轴的机械原点,到达机械原点的同时,X 轴与 Z 轴回原点指示灯变亮
	编辑模式	对储存在内存中的程序数据进行编辑、修改
	MDI 模式	可进行程序段的编辑和运行操作,以满足工作需要,如设定主轴转速、换刀等
	自动模式	在此状态下可进行自动加工、空运行、DNC 等操作
	JOG 模式	手动控制刀具沿 X 轴或 Z 轴运动
	手轮模式	控制刀具沿 X 轴或 Z 轴的微量进给
	X 轴、Z 轴	X 轴或 Z 轴控制
	进给方向快速按钮	用于控制刀具在 X 轴和 Z 轴的正、负方向移动
	倍率按钮	(1)在"JOG"状态下,选择 1%、25%、50%、100%,操纵手动进给操纵柄,即可完成对 X 轴和 Z 轴的快速进给;(2)在"手轮"状态下,选择 X1、X10、X100,即可完成对 X 轴、Z 轴的微量进给

表1-9(续)

按键	定义	解释
	机床锁定	该指示灯亮时,可以在机床不动的情况下试运行程序,CRT屏幕上显示程序中坐标值的变化。其主要用于图形模拟加工
	空运行	该指示灯亮时,当快速移动开关有效时,机床以手动进给时最大进给倍率对应的进给速度运行。其主要用于程序的试运行
	跳段	该指示灯亮时,当程序执行到前面有"/"的程序段时,就跳过这一段
	单段	每按一下"循环启动"按钮,机床执行一条语句的动作,执行完毕后停止,再按一下"循环启动"按钮,又执行下一条语句的动作,以此类推。要想取消单段功能,只需再按一下该按钮,指示灯熄灭即可
	循环保持、循环启动	(1)在"自动"模式下,按下"循环启动"按钮,机床可自动运行程序; (2)在自动运行程序时,按下"循环保持"按钮,机床随即处于暂停状态; (3)欲在暂停状态时重新启动机床运行程序,只需再按一下"循环启动"按钮即可
	主轴正转、主轴反转、主轴停止	用于控制主轴正转、反转和停止
	冷却液开关	按下该键,冷却液通过刀架上的冷却管流出;再按一下该键,则冷却液停止流出
	手动换刀	用于4个刀位的手动换刀
	主轴减速、主轴加速	控制主轴转速的升降
	超程解除	用于超程报警的解除

3.仿真操作

(1)准备工作

①选择机床

按"选择机床"键()→控制系统:FANUC 0i→机床类型:车床(沈阳机床)。

②机床回零

机床回零的目的是建立机床坐标系。

松开"急停"键→按"电源开"键→"回原点模式"指示灯亮→按🔽键,X轴回原点;按➡键,Z轴回原点→X轴和Z轴回原点指示灯亮→屏幕显示 `X 600.000` `Z 1010.000` →按"JOG模式"键,将刀架快速移至卡盘附近→利用俯视图和放大视图观察卡盘与刀架。

③安装工件和刀具

a.定义毛坯,相当于实际加工中的下料。

按"定义毛坯"键(⬡)→按 键→按"确定"键。

b.放置零件,相当于实际加工中的安装工件。

按"放置零件"键(⬚)→选择上述定义的毛坯→选择"安装零件"→此时三爪卡盘装夹长度为50 mm,按向右箭头将零件拉出,至最小装夹长度为10 mm→按"退出"键。

c.安装刀具

按"选择刀具"键(⯰)→1号刀位,选择刀片:35°,刀尖半径:0.20→选择刀柄:外圆车刀,主偏角:95°→2号刀位,选择刀片:方头切槽刀片,宽度:5.00,刀尖半径:0.00→选择刀柄:外圆,切槽深度:8.00→按"确定"键。

(2)对刀

对刀的目的是建立工件坐标系。

①外圆车刀对刀

a. X 轴对刀

选择"JOG模式"→主轴正转→车外圆一点余量→ Z 轴正方向退刀→主轴停→按"测量"键→选"剖面图测量",选择切削部分的外径→读出切削部分的外径值→退出→按 OFFSET SETTING 键和"形状"软键,显示刀具形状补偿界面→输入" X "和已测外径值→按CRT屏幕下方的"测量"软键。

b. Z 轴对刀

选择"JOG模式"→主轴正转→车端面一点余量→ X 轴正方向退刀→主轴停→按 OFFSET SETTING 键和"形状"软键,显示刀具形状补偿界面→输入" $Z0$ "→按CRT屏幕下方的"测量"软键。

c.输入刀尖半径和刀具位置号

输入刀尖半径0.2和刀具位置号3,外圆车刀对刀完毕。

②切槽刀对刀

切槽刀对 Z 值时,主轴正转,接近工件后,注意要用手轮方式靠近端面,保证切槽刀的 $Z0$ 与外圆车刀的 $Z0$ 为同一个端面。对 X 值时,因切槽刀不能横向切削,故在端部切外圆," $+Z$ "向退刀进行外径测量。其余对刀原理与外圆车刀相同。外圆车刀和切槽刀对刀参数界面如图1-33所示。

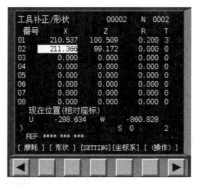

图1-33 外圆车刀和切槽刀对刀参数界面

（3）输入程序

①手动输入程序

按 键 →按 键 →输入程序号"O××××"→按 键 →按 键 →按 键 →依次输入程序,每行程序结束按 键换行,直至输入程序结束。

②导入数控程序

将编写好的程序存入记事本,点击菜单"机床"→"DNC 传送",在弹出的对话框中选择所需的 NC 程序,按"打开"键确认。

按 键 →按 键 →按"操作"软键和向右的黑色箭头( )→按"READ"键( )→输入程序号"O××××"→按"EXEC"键( )。

（4）自动加工及尺寸测量

①单段加工

按 键 →按 键 →按 键。其用于首件加工检查程序错误。

②自动加工

按 键 →按 键。

③尺寸测量

尺寸测量界面如图 1 - 34 所示,填写传动轴加工评分表。

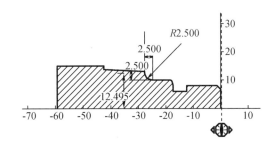

图 1 - 34　尺寸测量界面(单位:mm)

五、车削数控加工

1. 机床和系统上电

（1）检查 CNC 车床的外表是否正常(如后面电控柜的门是否关上,车床内部是否有其他异物等)。

（2）打开位于车床后面电控柜上的主电源开关,应听到电控柜风扇和主轴电动机风扇开始工作的声音。

（3）按操作面板上的"系统启动"按钮接通电源,几秒钟后 CRT 显示屏出现画面,此时才能操作数控系统上的按钮,否则容易损坏机床。

（4）顺时针方向旋开"急停"按钮。绿灯亮后,机床液压泵已启动,机床进入准备状态。

（5）机床回零。

2.安装工件和刀具

（1）安装工件

①数控车床主要使用三爪自动定心卡盘。对于圆棒料,装夹时工件要水平安放,右手拿工件,左手旋紧卡盘扳手。

②工件的伸出长度一般比被加工工件长 10 mm 左右。

③用百分表找正工件,经校正后再将工件夹紧,工件找正工作随即完成。

（2）安装刀具

将加工零件的刀具依次装夹到相应的刀位上,操作如下:

①根据加工工艺路线分析,选定被加工零件所用的刀具号,按加工工艺的顺序安装。

②选定 1 号刀位,装上外圆车刀,注意刀尖的高度要与对刀点重合。

③手动操作控制面板上的"刀架旋转"按钮,安装切槽刀。

图 1-35　刀具布置图

刀具布置图如图 1-35 所示。

六、输入与编辑程序

1. MDI 数据手动输入

选择"工作方式"为"MDI"→按"PROG"键,出现程序输入画面→输入数据,每输入一个字按一下"INSERT"键→按下"循环启动"按钮,即可运行。MDI 数据手动输入结果如图 1-36 所示。

2. 输入程序

选择"工作方式"为"编辑"→按"PROG"键→输入程序号→在 NC 操作面板上依次输入程序内容,每个程序段结束时按"EOB"和"INSERT"键→按"RESET"键,光标返回程序的起始位置。程序输入界面如图 1-37 所示。

图 1-36　MDI 数据手动输入结果

图 1-37　程序输入界面

3. 寻找程序

选择"工作方式"为"编辑"→按"PROG"键→输入想调出的程序的程序号(如 O0005)→按"PAGE↓"键,即可调出程序。

4. 编辑程序

选择"工作方式"为"编辑"→按"PROG"键出现程序编辑画面。

（1）修改字

将光标移至要修改的字的位置→输入改变后的字→按"ALT"键。

（2）删除字

将光标移至要删除的字的位置→按"DELETE"键,光标将自动移至下一个字的位置。

（3）删除一个程序段

将光标移至要删除的程序段的第一个字的位置→按"EOB"键→按"DELETE"键。

（4）插入字

将光标移至要插入字的前一个字的位置→输入要插入的字→按"INSERT"键。

（5）删除程序

输入要删除的程序号→确认是不是要删除的程序→按"DELETE"键。

七、对刀

1. 外圆车刀对刀

（1）Z 轴对刀

手动状态下,选择外圆车刀→主轴正转→切端面一点余量→X 轴方向退刀→主轴停→按"OFS/SET"键和"形状"软键,显示刀具形状补偿界面,如图 1 - 38 所示→将光标移至指定刀偏号→输入"Z0"→按 CRT 屏幕下方的"测量"软键。

（2）X 轴对刀

手动状态下,主轴正转→切外圆一点余量→Z 轴正方向退刀→主轴停→测量切削部分的外径→按"OFS/SET"键和"形状"软键,显示刀具形状补偿界面→输入"X"和已测外径值→按 CRT 屏幕下方的"测量"软键。

2. 切槽刀对刀

切槽刀对 Z 值时,主轴正转,接近工件后,注意要用手轮方式靠近端面。对 X 值时在端部切外圆,"$+Z$"向退刀进行外径测量。

3. 磨损补偿

（1）按"OFS/SET"键和"磨耗"软键,使 CRT 出现如图 1 - 39 所示界面。

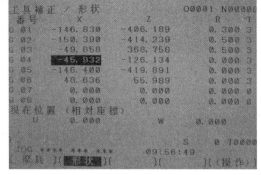

图 1 - 38　刀具形状补偿界面　　　　　图 1 - 39　刀具磨损补偿界面

（2）将光标移至需进行磨损补偿的刀具补偿号位置。例如,测量用 T02 刀具加工的工件外圆直径为 ϕ45.03 mm,长度为 20.05 mm,而规定直径应为 ϕ45 mm,长度应为 20 mm。

直径实测值比规定值大 0.03 mm、长度实测值比规定值大 0.05 mm,应进行磨损补偿:将光标移至 W02,键入 U－0.03 后按"INPUT"键,键入 W－0.05 后按"INPUT"键,X 值变为在以前值的基础上加－0.03 mm,Z 值变为在以前值的基础上加－0.05 mm。

(3)Z 轴方向的磨损补偿方法与 X 轴方向的磨损补偿方法相同,只是 X 轴方向是以直径方式来计算值的。Z 轴进行负方向磨损补偿时数值前加负号。

八、自动加工

1.试运行

(1)机床锁

按下机床操作面板上的"机床锁"键,自动运行加工程序时,机床刀架并不移动,只是在 CRT 屏幕上显示各轴的移动位置。该功能可用于加工程序的检查。

(2)辅助功能锁

按下机床操作面板上的"辅助功能锁"键后,程序中的 M、S、T 代码指令被锁,不能执行。该功能与机床锁一起用于程序检测。

M00、M01、M30、M98、M99 可正常执行。

2.空运行

按下"空运行"键,空运行指示灯变亮,不装工件,在自动运行状态下运行加工程序,机床空跑。操作中,程序指定的进给速度无效,程序根据参数的设定值运行。

3.单段执行

按下"单段"键,其指示灯变亮,执行一个程序段后,机床停止。其后,每按一次"循环启动"按钮,则 CNC 执行一个程序段。

4.首件试切削

(1)当刀具、夹具、毛坯、程序等都准备就绪后,即可进行工件的试切削。将机床锁住,空运行程序,检查程序中可能出现的错误。

(2)检查刀具在 XZ 平面内走刀轨迹的情况。有时为了便于观察,可利用跳跃任选程序段的功能使刀具在贴近工件表面处走刀,进一步检查刀具的轨迹,以防止走刀轨迹的错误。

(3)一般,首件试切削均采用单段执行,在试切工作中,同时观察屏幕上显示的程序、坐标位置、图形显示等,以确认各运行段的正确性。

(4)首件试切完毕后,应对零件进行全面检测,必要时适当地修改程序或调整机床(直到加工零件全部合格后,程序编制工作才算结束),并应将已经验证的程序及有关资料进行妥善保存,便于以后的查询和总结。

【实训加工】

一、传动轴数控加工

(1)实训目的与要求:

①进一步熟悉数控车床的基本操作,特别是程序的编辑功能。

②掌握程序的结构形式及编程方法。

③数控车床加工圆柱、圆锥面、切槽、切断。

④能够解决阶梯轴类零件加工过程中工艺的制定、程序的编制、零件的试切对刀以及加工过程控制和精度保证等问题。

（2）仪器与设备：

①卧式数控车床若干台。

②棒料 $\phi30$ mm。

③量具准备清单：

游标卡尺	$0 \sim 150$ mm/0.02 mm
外径千分尺	$0 \sim 25$ mm/0.01 mm
钢直尺	$0 \sim 200$ mm

④刀具准备清单：

93°外圆车刀

切槽（断）刀　　刀宽 5 mm

（3）输入零件程序，进行程序校验及加工轨迹仿真，修改程序。

（4）进行对刀操作，自动加工。

二、传动轴质检

1. 检测工件

使用所提供的量具对传动轴进行测量，填写传动轴加工评分表。

（1）使用游标卡尺的注意事项

①游标卡尺是比较精密的测量工具，要轻拿轻放，不得碰撞或摔落。不要用来测量粗糙的物体，以免损坏量爪，使用完毕应及时放入卡尺盒中。

②测量时，应先拧松紧固螺钉，移动游标时不能用力过猛。两量爪与待测物的接触不宜过紧。不得在量爪内挪动被夹紧的物体。

③读数时，视线应与尺面垂直。如需固定读数，可用紧固螺钉将游标固定在尺身上，防止滑动。

④实际测量时，对同一长度应多测几次，取其平均值来消除偶然误差。

（2）使用外径千分尺的注意事项

①使用外径千分尺时要先检查其零位是否校准。

②轻拿轻放，在转动旋钮和测力装置时都不能过分用力。

③测量工件时使用后面的旋钮，不要拿着金属部分测量。

2. 填写加工评分表

传动轴加工评分表参见表 1 – 10。

表 1－10　传动轴加工评分表

操作时间	4 学时	组别		机床号			总分		
序号	考核项目	考核内容及要求		评分标准		配分	自检	自评	互检	互评

序号	考核项目	考核内容及要求	评分标准	配分	自检	自评	互检	互评
1	外圆尺寸	$\phi 16$ mm	每超差 0.1 mm 扣 2 分,扣完为止	5				
		$\phi 12$ mm	每超差 0.1 mm 扣 2 分,扣完为止	5				
		$\phi 20^{0}_{-0.021}$ mm	超差无分	10				
		$\phi 25$ mm	每超差 0.1 mm 扣 2 分,扣完为止	5				
		$\phi 28$ mm	每超差 0.1 mm 扣 2 分,扣完为止	5				
2	长度尺寸	12.5 mm	每超差 0.1 mm 扣 2 分,扣完为止	5				
		5 mm	每超差 0.1 mm 扣 2 分,扣完为止	5				
		27.5 mm	每超差 0.1 mm 扣 2 分,扣完为止	5				
		42.5 mm	每超差 0.1 mm 扣 2 分,扣完为止	5				
3	倒角尺寸	$C1.5$ mm	超差无分	5				
		$C1$ mm	超差无分	2				
4	其余尺寸	$R1.5$ mm	每超差 0.1 mm 扣 4 分,扣完为止	8				
		$R2.5$ mm	每超差 0.1 mm 扣 4 分,扣完为止	8				
		$Ra1.6$ μm	酌情扣 1～8 分	8				
		$Ra3.2$ μm	酌情扣 1～4 分	4				
5	安全文明生产	(1)遵守机床安全操作规程。(2)刀具、工具、量具放置规范。(3)设备保养良好、场地整洁	每项不合格扣 1 分,扣完为止	5				
6	工艺合理	(1)工件定位、夹紧及刀具选择合理。(2)加工顺序及刀具轨迹路线合理	每项不合格扣 1 分,扣完为止	5				

表 1 –10（续）

序号	考核项目	考核内容及要求	评分标准	配分	自检	自评	互检	互评
7	程序编制	1. 指令正确,程序完整。 2. 数值计算正确,程序编写表现出一定的技巧,简化计算和加工程序。 3. 切削参数、坐标系选择正确、合理	每项不合格扣 1 分,扣完为止	5				
8	发生重大事故(人身和设备安全事故)、严重违反工艺原则和存在情节严重的野蛮操作等,应取消其实操资格							
小组签字								

【项目测试】

一、项目导入

学生实训单中的零件为 $\phi 40\ mm \times 62\ mm$ 的棒料,材质为 45#钢。

学生实训单

项目名称	外圆的数控加工		
所需时间	4 学时	所用设备	CAK6140 数控车床
项目描述 （单位:mm）			
项目要求	1. 技能要求 (1)合理地选择加工刀具; (2)合理地安排加工工艺,选择合适的加工参数,填写数控加工工序(工步)卡片; (3)正确编制数控加工程序,并录入数控机床进行校核; (4)操作机床在规定时间内完成零件加工,并进行尺寸检验。 2. 职业素质要求 (1)勤于思考,积极探索,团结协作; (2)具备较高的职业素养与职业意识		

（项目描述栏内图示，单位:mm）其余 3.2；1.6；$R14$；1.6；$C1$；$\phi 36_{-0.25}^{0}$；$\phi 36_{-0.25}^{0}$；$\phi 28$；5；18；38；58

二、零件图纸分析

该零件由圆柱、圆锥、圆弧等表面组成,其中的两个直径尺寸有较严格的尺寸精度要求,表面粗糙度要求也较严格;尺寸标注完整,轮廓描述清楚;材质为45#钢,无热处理和硬度要求。

1. 加工方式

(1)图样上给定的几个精度要求较高的尺寸的公差数值较小,故编程时不必取平均值,而全部取其基本尺寸即可。

(2)零件加工需装夹左端,一次加工完成,切断时保证总长尺寸。

2. 装夹定位

以毛坯轴线为定位基准,使用三爪自定心夹紧的装夹方式。

3. 刀具选择

刀具选择硬质合金90°外圆车刀。

三、编程、加工、检测

编程后加工测试件,并将检测结果填入表1-11。

表1-11 测试件加工评分表

操作时间		4学时	组别		机床号		总分				
序号	考核项目	考核内容及要求			评分标准		配分	自检	自评	互检	互评
1	外圆尺寸	$\phi 36^{0}_{-0.02}$ mm			每超差 0.01 mm 扣 5 分,扣完为止		15				
		$\phi 28$ mm			每超差 0.1 mm 扣 5 分,扣完为止		10				
		$R14$ mm			每超差 0.1 mm 扣 5 分,扣完为止		10				
2	长度尺寸	58 mm			每超差 0.1 mm 扣 5 分,扣完为止		10				
		38 mm			每超差 0.1 mm 扣 5 分,扣完为止		5				
		18 mm			每超差 0.1 mm 扣 5 分		5				
		5 mm			每超差 0.1 mm 扣 5 分		5				
3	倒角尺寸	$C1$ mm			超差无分		5				
4	其余尺寸	$Ra1.6$ μm			酌情扣 1~10 分		10				

表 1 - 11（续）

序号	考核项目	考核内容及要求	评分标准	配分	自检	自评	互检	互评
5	安全文明生产	(1)遵守机床安全操作规程。 (2)刀具、工具、量具放置规范。 (3)设备保养良好、场地整洁	每项不合格扣1分,扣完为止	5				
6	工艺合理	(1)工件定位、夹紧及刀具选择合理。 (2)加工顺序及刀具轨迹路线合理	每项不合格扣1分,扣完为止	5				
7	程序编制	(1)指令正确,程序完整。 (2)数值计算正确,程序编写表现出一定的技巧,简化计算和加工程序。 (3)刀具补偿功能运用正确、合理。 (4)切削参数、坐标系选择正确、合理	每项不合格扣3分,扣完为止	15				
8	发生重大事故(人身和设备安全事故)、严重违反工艺原则和存在情节严重的野蛮操作等,应取消其实操资格							
小组签字								

【知识拓展】SIEMENS 802D 系统车削常用指令

一、程序名与结构

1. 程序名

SIEMENS 系统的程序名与 FANUC 系统的程序号规定不同。SIEMENS 系统的每个程序均有一个程序名,前两个符号必须是字母,其后的符号可以是字母、数字或下划线,程序名最多为 16 个符号,不得使用分隔符。

2. 程序结构

SIEMENS 系统的程序结构与 FANUC 系统的程序结构相同,是由程序名、程序内容和程序结束指令组成的。

程序内容由程序段组成;程序段由若干个字组成;字由地址符和数值组成。一个字可以包含多个字母,两个以上的字母和数值之间用" = "隔开,如 CR = 20。G 功能也可以通过一个符号名进行调用,如 SCALE(打开比例系数)。

二、常用准备功能的编程方法

1. 绝对坐标/增量坐标编程指令（G90/G91/AC/IC）

格式：G90/G91

  X/Z＝AC( )   某轴以绝对坐标输入，程序段方式有效

  X/Z＝IC( )   某轴以增量坐标输入，程序段方式有效

例如，G90 X20 Z90   绝对坐标编程

  X75 Z＝IC(－32) X 仍然是绝对坐标，Z 是增量坐标

  ……

  G91 X50 Z30   增量坐标编程

  X －12 Z＝AC(18) X 仍然是增量坐标，Z 是绝对坐标

2. 英制/公制输入指令（G70/G71）

格式：G70/G71。

说明：

（1）G70 指令英制尺寸编程；G71 指令公制尺寸编程。一般开机默认为 G71 状态。

（2）系统根据所设定的状态把所有的几何值转换为英制尺寸或公制尺寸。这里刀具补偿值和可设定零点偏置值也作为几何尺寸。

3. 圆弧插补指令（G02/G03）

格式：G02/G03 X Z I K F 或 G02/G03 X Z CR＝F。

4. 暂停指令（G04）

格式：G04 F   暂停时间（秒）

  G04 S   暂停主轴转数

例如，G01 Z －50 F200 S200 M3

  G04 F3   暂停 3 s

5. 刀具半径补偿指令（G40/G41/G42）

格式：G40/G41/G42 G00/G01 X Z F。

说明：其指令格式及用法与 FANUC 0i 系统相同。

三、SIEMENS 802D 系统的传动轴编程

SIEMENS 802D 系统的传动轴编程见表 1 － 12。

表 1 － 12 SIEMENS 802D 系统的传动轴编程

T1 D1 S1000 M03	G01 X16.99 F0.15
G00 X35 Z0	Z － 17.5
G01 X － 1 F0.1	G03 X19.99 Z － 19 CR ＝ 1.5
Z5	G01 X23
X28 F0.15	G00 Z5
Z － 42.5	X17
X32	G01 Z － 17.5 F0.15
G00 Z5	X23

表 1-12（续）

G42 G01 X25 F0. 15	G00 Z2
Z - 27. 5	G01 X9 F0. 1
X28 Z - 42. 5 F0. 1	X16 Z - 1. 5
G00 X32	Z - 17. 5
Z5	G00 G40 X32
G01 X22 F0. 15	X100 Z50
Z - 25	T2D1 S500 M03
G02 X27 Z - 27. 5 CR = 2. 5	G00 X23 Z - 17. 5
G00 Z5	G01 X12 F0. 05
G01 X19. 99 F0. 1	G04 F1
Z - 25	G01 X23
G02 X24. 99 Z - 27. 5 CR = 2. 5	G00 X100 Z50
G01 X28	M05
G00 Z5	M30

注意:FANUC 0i 系统和 SIEMENS 802D 系统在传动轴的编程上有所不同。

项目二 船用轴套的数控编程与加工

【任务引入】

一、任务描述

船用轴套(简称轴套)零件图如图 2-1 所示。本项目的主要任务是进行轴套零件的工艺分析、数控编程、仿真加工和实际加工。

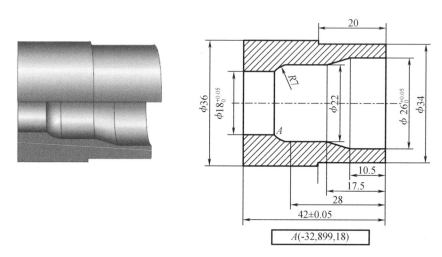

图 2-1 轴套零件图(单位:mm)

二、任务分析

本项目的重点是进行内轮廓的编程与加工;采用 G71 指令和 G70 指令进行复合循环指令的编程;了解在应用 G71 指令进行编程时,内外轮廓在编程上有哪些不同。

【知识链接】

车削加工余量较大,通常相同的走刀轨迹要重复多次,此时可利用固定循环功能。通常用一个固定循环的程序段即可指令多个单个程序段指定的加工轨迹,使编程大大简化。

一、单一形状固定循环指令

1. 内、外径车削循环(G90)

格式:G90 X(U)__ Z(W)__ R__ F__。

说明:X、Z 为切削表面终点坐标指令;U、W 为圆柱面切削终点相对循环起点的增量坐标指令;R 为锥体面切削始点与切削终点的半径差指令,圆柱面切削 R 为 0 可以省略;F 为进给速度指令。

图 2－2(a)为车削外圆柱面时的走刀轨迹,图中虚线表示按 R 快速运动,实线表示按 F 进给速度运动。

图 2－2(b)为车削外圆锥面时的走刀轨迹。

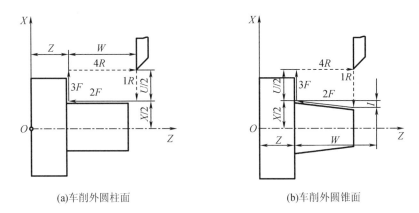

(a)车削外圆柱面   (b)车削外圆锥面

图 2 － 2 G90 的走刀轨迹

执行 G90 指令前,刀具必须先定位到一个循环起点(对于数控车床的所有循环指令,要特别注意正确选择程序循环起点的位置,一般宜选择在离开毛坯表面 2～5 mm 处),然后开始执行 G90 指令。注意刀具每执行完一次 G90 指令时又回到了循环起点。

例 2 －1 如图 2－3(a)所示,其粗车循环程序如下:

```
……
G00   X60   Z70                确定循环起点
G90   X40   Z20   F0.3          A→B→C→D→A
X30                             A→E→F→D→A
X20                             A→G→H→D→A
```

如图 2－3(b)所示,其有关程序如下:

```
……
G90   X40   Z20   R－5   F0.3    A→B→C→D→A
X30                             A→E→F→D→A
X20                             A→G→H→D→A
```

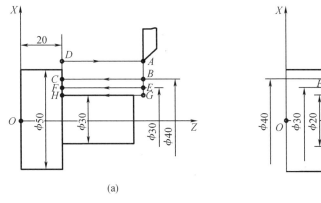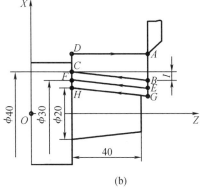

(a)   (b)

图 2 － 3 G90 举例(单位:mm)

2.端面车削循环(G94)

格式:G94 X(U)__ Z(W)__ R__ F__。

说明:参数意义与循环指令 G90 相同。

应用 G94 指令车削平面和带有锥度的端面的走刀轨迹分别如图 2 – 4(a)、图 2 – 4(b)所示。

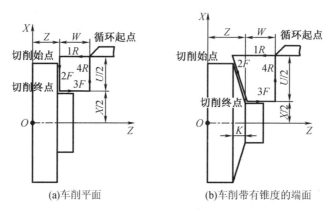

(a)车削平面   (b)车削带有锥度的端面

图 2 – 4 G94 的走刀轨迹

例 2 – 2 如图 2 – 5(a)所示,其有关程序如下:

```
G94  X50  Z16  F0.3              A→B→C→D→A
     Z13                         A→E→F→D→A
     Z10                         A→G→H→D→A
```

如图 2 – 5(b)所示,其有关程序如下:

```
G94  X15  Z33.48  R – 3.48  F0.3   A→B→C→D→A
     Z31.48                        A→E→F→D→A
     Z28.78                        A→G→H→D→A
```

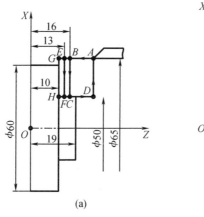
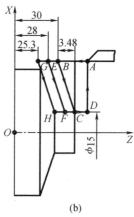

(a)   (b)

图 2 – 5 G94 举例(单位:mm)

3.注意事项

（1）应根据坯件的形状和工件的加工轮廓选择适当的单一固定循环。一般情况下，内、外径车削循环指令 G90 主要用于零件的内外圆柱面、圆锥面轴向毛坯余量较大或直接以棒料车削零件时进行精车前的粗车，以去除大部分余量。端面车削循环指令 G94 主要用于一些较短、面大的零件（径向切削量较大）的垂直端面或锥形端面的粗加工，以去除大部分余量。

（2）X(U)、Z(W) 和 R 的数值在固定循环期间是模态的，如果没有重新指定 X(U)、Z(W) 和 R，则原来指定的数据一直有效。

（3）如果在单段运行方式下执行循环，则每一循环分 4 段进行，执行过程中必须按 4 次循环启动按钮。

二、复合形状固定循环指令

1.内、外径粗车循环（G71）

G71 适用于圆柱毛坯粗车外径和圆筒毛坯粗车内径。图 2 - 6 所示为用 G71 指令粗车外径的加工路线。图中 C 是粗车循环的起点；A 是毛坯外径与端面轮廓的交点。

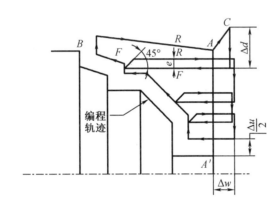

图 2 - 6 G71 的循环方式

（1）格式

```
G71  U(Δd)  R(e)
G71  P(ns)  Q(nf)  U(Δu)  W(Δw)  F(f)  S(s)  T(t)
```

其中，Δd 为背吃刀量，无正负号，半径指定，可用系统参数设定，也可用程序指定数值，但程序指定数值优先；e 为退刀量，可用系统参数设定，也可用程序指定数值；ns 为精加工形状程序段中的开始程序段号；nf 为精加工形状程序段中的结束程序段号；Δu 为 X 方向精加工余量，有正负号；Δw 为 Z 方向精加工余量，有正负号；F、S 分别为粗加工循环中的进给速度、主轴转速；T 为刀具功能。

（2）注意事项

①当加工内径轮廓时，G71 自动成为内径粗车循环，此时径向精车余量 Δu 应指定为负

值。Δu 和 Δw 的正负判断如图 2 - 7 所示。

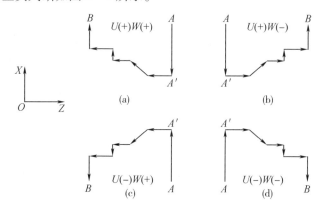

图 2 - 7 G71 的四种加工轨迹

②零件轮廓符合 X、Z 方向同时单调增大或单调减少,"ns"的第一个程序段中不能指定 Z 轴的运动指令。

③在使用 G71 指令进行粗车循环时,只有包含在 G71 程序段中的 F、S、T 功能才有效;包含在 ns→nf 程序段中的 F、S、T 功能,即使被指定为进行粗车循环也无效,而对精加工有效。

④用恒表面切削速度控制主轴时,ns→nf 程序段中的 G96 和 G97 指令无效,而在 G71 程序段或之前的程序段中的 G96 和 G97 指令有效。

⑤粗车循环结束后,刀具自动退回循环起点。

⑥ns→nf 程序段中可以进行刀具补偿,但不能调用子程序。

例 2 - 3 在图 2 - 8 中,试按图示尺寸编写粗车循环加工程序。

编程如下:

```
O2001
T0101 S400 M03
G00 X125 Z12 M08
G71 U2 R1
G71 P70 Q130 U0.8 W0.5 F0.3
N70 G00 X40
G01 Z - 30
X60 W - 30
W - 20
X100 W - 10
W - 20
N130 X120 W - 20
G00 X200 Z140
M05
M30
```

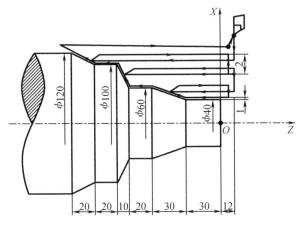

图 2 - 8　G71 举例(单位:mm)

2. 端面粗加工循环(G72)

其适用于圆柱棒料毛坯端面方向粗车。图 2 - 9 所示为从外径方向往轴心方向车削端面循环。

(1)格式

G72　U(Δd)　R(e)

G72　P(ns)　Q(nf)　U(Δu)　W(Δw)　F(f)　S(s)　T(t)

说明:其中参数的含义与 G71 相同。

(2)注意事项

①G72 与 G71 切入量 Δd 切入方向不同,G71 沿 X 轴进给切深,而 G72 沿 Z 轴进给切深。

②ns→nf 程序段中,一般第一段不能指定 X 轴的运动指令,否则会报警。

③用 G72 指令加工的工件形状有如图 2 - 10 所示的四种情况,无论哪种都是根据刀具平行 Z 轴移动进行切削的,精加工余量 Δu、Δw 的正负判断如图 2 - 10 所示。

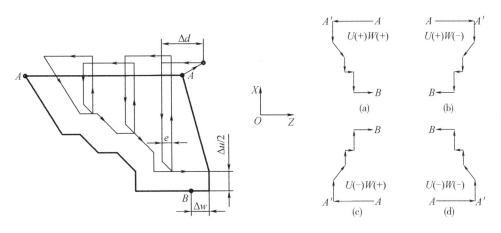

图 2 - 9　G72 的循环方式　　　图 2 - 10　G72 的四种加工轨迹

例 2 - 4 图 2 - 11 所示零件的加工程序如下:

O2002

T0101 S500 M03

G00 X165 Z2 M08

G72 W3 R1

G72 P70 Q120 U2 W0.5 F0.3

N70 G00 Z60

G01 X120 W10

W10

X80 W10

W20

N120 X36 W22

G00 X200 Z200

M05

M30

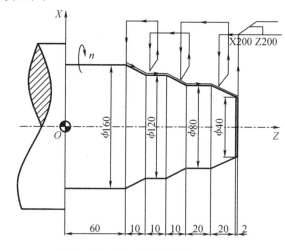

图 2 - 11 G72 举例(单位:mm)

3. 仿粗车循环(G73)

所谓仿粗车循环就是按照一定的切削形状逐渐地接近最终形状。这种方式对于铸造或锻造毛坯的切削效率很高。G73 的循环方式如图 2 - 12 所示。

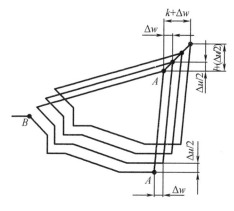

图 2 - 12 G73 的循环方式

格式:

G73 U(i) W(k) R(d)

G73 P(ns) Q(nf) U(Δd) W(Δw) F(f) S(s) T(t)

说明:i 为 X 轴上的总吃刀量(半径值);k 为 Z 轴上的总吃刀量;d 为重复加工次数;其余与 G71 指令相同。G3 指令用法与 G71、G72 指令相同,但要注意:

(1)G73 指令用于未切除余量的棒料切削,会有较多的空行程,因此应尽可能使用 G71、G72 指令切除余料。

(2)G73 指令描述精加工走刀路线时应封闭。

(3)G73 指令可用于内凹形体的切削加工,无须要求工件尺寸单调增加或减小。

例 2 – 5 图 2 – 13 所示零件的加工程序如下:

O2003

T0101 S500 M03

G00 X140 Z40 M08

G73 U9.5 W9.5 R3

G73 P50 Q100 U1.0 W0.5 F0.3

N50 G00 X20 Z5

G01 Z – 40 F0.15

X40 Z – 50

Z – 70

G02 X80 Z – 90 R20

G01 X100 Z – 100

N100 X105

G00 X200 Z200

M30

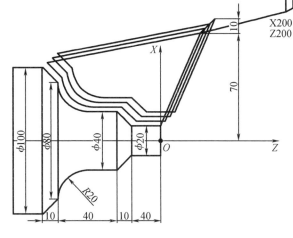

图 2 – 13 G73 举例

4. 精车循环(G70)

用 G71、G72 和 G73 等指令完成粗加工后,可以用 G70 指令进行精加工。

格式:G70 P(ns) Q(nf)。

说明:ns 和 nf 与前述的含义相同。

使用上述循环指令时,要注意其快速退刀的路线,防止刀具与工件碰撞。如图 2 – 14 所示,从 A 点开始执行循环指令是安全的,从 B 点开始执行循环指令将发生碰撞。

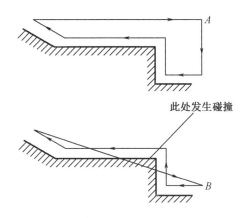

图 2 – 14 使用循环指令退刀时可能出现的碰撞

三、其他循环指令

1. 端面沟槽复合循环或深孔钻循环(G74)

该指令可实现端面深孔和端面槽的断屑加工,Z 方向切进一定的深度,再反向退刀到一定的距离,实现断屑。指定 X 轴地址和 X 方向移动量,就能实现端面槽加工;若不指定 X 轴地址和 X 方向移动量,则为端面深孔钻加工。

（1）端面沟槽复合循环

格式：

G74 R(e)

G74 X(u) Z(w) P(Δi) Q(Δk) R(Δd) F(f) S(s) T(t)

说明：e 为每次啄式退刀量；u 为 X 方向终点坐标值；w 为 Z 方向终点坐标值；Δi 为刀具完成一次轴向切削后，在 X 方向的移动量（无符号半径值表示，单位为 μm）；Δk 为 Z 方向每次切深量（无带符号的值表示，单位为 μm）；Δd 为在切削底部的刀具退刀量，其符号一定是正值，但是，如果省略 $X(u)$ 及 Δi，可用所要的正负符号指定刀具退刀量；F 为进给速度。

注意：X 方向终点坐标值为实际 X 方向终点尺寸减去双边刀宽。

例 2 - 6 图 2 - 15 所示零件的加工程序如下：

O2004

T0606   端面切槽刀，刃口宽 4 mm

G00 X30 Z2 S300 M03

G74 R1

G74 X62 Z - 5 P3500 Q3000 F0.1

G00 X150 Z30

M30

（2）啄式钻孔循环（深孔钻循环）

G74 啄式钻孔循环方式如图 2 - 16 所示。

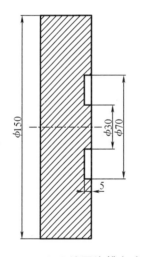

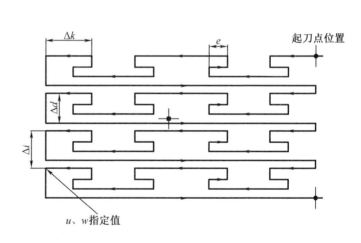

图 2 - 15 G74 端面沟槽复合循　　　图 2 - 16 G74 啄式钻孔循环方式
　　　　　　环举例（单位：mm）

格式：

G74 R(e)

G74 Z(w) Q(Δk) F(f) S(s) T(t)

说明：e 为每次啄式退刀量；w 为 Z 方向终点坐标值（孔深）；Δk 为 Z 方向每次的切入量（啄钻深度）。

例 2 - 7　如图 2 - 17 所示,在工件上加工直径为 10 mm 的孔,孔的有效深度为 60 mm。工件端面及中心孔已加工,程序如下:

```
O2005
T0505              直径 10 mm 的麻花钻
G00 X0 Z3 S300 M03
G74 R1
G74 Z - 60 Q8000 F0.1
G00 X150 Z30
M30
```

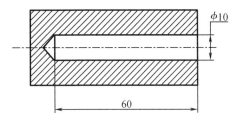

图 2 - 17　G74 啄式钻孔循环举例(单位:mm)

2. 外径沟槽复合循环(G75)

G75 指令用于内、外径切槽或钻孔,其用法与 G74 指令大致相同。当 G75 指令用于径向钻孔时,需配备动力刀具,这里只介绍 G75 指令用于外径沟槽加工。G75 的循环方式如图 2 - 18 所示。

(1)格式

```
G75 R(e)
G75 X(u) Z(w) P(Δi) Q(Δk) R(Δd) F(f) S(s) T(t)
```

说明:e 为分层切削每次退刀量;u 为 X 方向终点坐标值;w 为 Z 方向终点坐标值;Δi 为 X 方向每次切深量(该值用不带符号的值表示,单位为 μm);Δk 为刀具完成一次轴向切削后,在 Z 方向的移动量(无符号半径值表示,单位为 μm);Δd 为在切削底部的刀具退刀量,其符号一定是正值,但是,如果省略 $X(u)$ 及 Δi,可用所要的正负符号指定刀具退刀量;F 为进给速度。

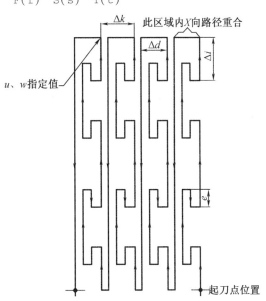

图 2 - 18　G75 的循环方式

例 2 - 8　G75 指令用于切削较宽的径向槽,如图 2 - 19 所示,程序如下:

```
O2006
T0202              切槽刀,刃口宽 5 mm
G00 X77 Z -27.5 S300 M03
G75 R1
G75 X45 Z -82.5 P3000 Q4500 F0.1
G00 X100 Z100
M30
```

例 2 - 9　G75 指令用于切削径向均布槽,如图 2 - 20 所示,程序如下:

```
O2007
T0202                      切槽刀,刃口宽 4 mm
G00 X42 Z -14 S300 M03
G75 R1
```

G75 X30 Z –54 P3000 Q10000 F0.1

G00 X100 Z100

M30

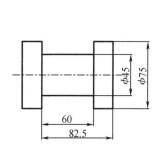

图2-19 G75 举例（一）（单位：mm）

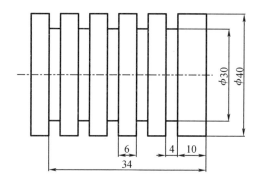

图2-20 G75 举例（二）（单位：mm）

（2）注意事项

①当出现以下情况而执行外径沟槽复合循环指令时，将会出现程序报警。

a. $X(u)$ 或 $Z(w)$ 指定，而 Δi 值或 Δk 值未指定或指定为 0；

b. Δk 值大于 Z 方向的移动量或 Δk 值设定为负值；

c. Δi 值大于 $u/2$ 或 Δi 值设定为负值；

d. 退刀量大于进刀量，即 e 值大于 Δi 值或 Δk 值。

②切槽过程中，刀具或工件受较大的单方向切削力，容易在切削过程中产生振动。因此，切槽加工中进给速度 F 的取值应略小（特别是在端面切槽时），通常取 0.05～1.20 mm/r。

【任务实施】

一、船用轴套的工艺分析

1. 确定加工方案

外圆和内孔未注倒角为 C1，为了内孔倒角，需要先钻孔，再加工零件左侧外圆至尺寸并内孔倒角。掉头装夹后，要打表找正内孔。注意，对刀时车端面后要准确测量零件的长度，其与理论长度的差值为 Z 的对刀参数值。对刀后将零件先车至 42 mm，再以零件右端面中心作为坐标原点建立工件坐标系。内孔加工起点为 X15 Z5，换刀点为 X60 Z100。加工工艺路线为：钻孔→车左端外圆至尺寸→左侧内孔倒角→掉头装夹→车右端面至长度尺寸→车外圆至尺寸→粗车内孔→精车内孔至尺寸。

2. 选择刀具与切削用量

（1）外圆车刀：T01，主轴转速 500 r/min，进给量 0.15 mm/r。

（2）内孔车刀：T02，粗车，主轴转速 800 r/min，进给量 0.12 mm/r；精车，主轴转速 1 200 r/min，进给量 0.1 mm/r。

（3）切断刀：T03，主切削刃宽 4 mm，主轴转速 500 r/min，粗车进给量 0.05 mm/r。

拟定船用轴套数控加工工序（工步）卡片见表 2-1。

表2-1　船用轴套数控加工工序(工步)卡片

数控加工工序 (工步)卡片		零件图号		零件名称		材料		使用设备
		LVJG-002		船用轴套		45#钢		数控车床
工步号	工步内容	刀具号	刀具名称	刀具 规格	主轴转速 /(r·min⁻¹)	进给量 /(mm·r⁻¹)	刀具半 径补偿	备注
1	钻孔	T03	麻花钻	φ17 mm	—	—		手工
2	车左侧外圆	T01	外圆车刀	93°	500	0.15		
3	左侧内孔倒角	T02	内孔车刀	35°	800	0.12		
4	掉头装夹	—	—	—	—	—		
5	车右侧外圆	T01	外圆车刀	93°	500	0.15		
6	粗车内孔	T02	内孔车刀	35°	800	0.12		
7	精车内孔	T02	内孔车刀	35°	1 200	0.1		

二、船用轴套的数控编程

船用轴套的数控编程见表2-2。

表2-2　船用轴套的数控编程

T0101 M03 S500 F0.15	Z-10.5
G00 G42 X40 Z5	X22 Z-17.5
G01 X30 Z1	Z-28
X34 Z-1	G03 X18 Z-32.899 R7
Z-20	G01 Z-43
G00 X38	N50 X15
G40 X60 Z100	G00 X60 Z100
T0202 M03 S800 F0.12	S1200 M03 F0.1
G00 X15 Z5	G00 G41 X15 Z5
G71 U1.5 R1	G70 P10 Q50
G71 P10 Q50 U-0.5 W0	G00 G40 X60 Z100
N10 G00 X38.025	M30
G01 X26.025 Z-1	

三、船用轴套的自动编程

(1)打开CAXA数控车软件,系统默认 XY 平面,选择 XY 平面为当前绘图基准面。

(2)单击"直线"图标(选择屏幕左下方"两点线"方式),以坐标原点为圆心,画出零件轮廓线,如图2-21所示。

(3)绘制如图2-22所示封闭图形作为毛坯尺寸(直径40 mm)。

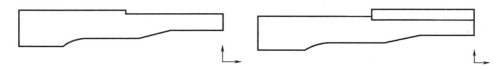

图 2-21　零件轮廓线　　　　　图 2-22　毛坯尺寸图

（4）绘制如图 2-23 所示封闭图形作为内孔底孔尺寸（直径 16 mm）。

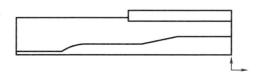

图 2-23　内孔底孔尺寸图

（5）单击"轮廓粗车"图标，输入粗车参数，输入完毕点击"确定"按钮。

（6）点击外轮廓和外毛坯线得到加工外轮廓轨迹图，如图 2-24 所示。

（7）点击内轮廓和内底孔线得到加工内轮廓轨迹图，如图 2-25 所示。

（8）单击"代码生成"图标，点击"确定"按钮，然后点击图形内刀具轨迹，单击鼠标右键，即出现此零件车外轮廓编程。

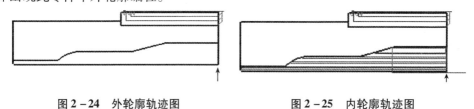

图 2-24　外轮廓轨迹图　　　　　图 2-25　内轮廓轨迹图

【实训加工】

一、实训目的与要求

（1）进一步熟悉数控车床的基本操作，特别是程序的编辑功能。

（2）掌握程序的结构形式，以及数控车床加工圆柱、圆锥面零件的编程方法。

（3）能够解决轴类零件加工过程中工艺的制定、程序的编制、零件的试切对刀以及加工过程的控制和精度的保证等问题。

二、仪器与设备

（1）卧式数控车床若干台。

（2）棒料 ϕ38 mm×45 mm。

（3）量具准备清单：

游标卡尺　　　　　0~150 mm/0.02 mm

内径千分尺　　　　5~30 mm/0.01 mm

钢直尺　　　　　　　0~200 mm

百分表　　　　　　　0~10 mm/0.01 mm

（4）刀具准备清单：

外圆车刀　　　　　　93°

麻花钻　　　　　　　ϕ17 mm

内孔车刀　　　　　　35°

切槽（断）刀　　　　刀宽4 mm

三、输入零件程序，进行程序校验及加工轨迹仿真，修改程序

略。

四、进行对刀操作，自动加工

略。

五、检测工件

使用所提供的量具对船用轴套进行测量，填写船用轴套加工评分表（表2-3）。

表2-3　船用轴套加工评分表

操作时间	4 学时		组别		机床号		总分				
序号	考核项目	考核内容及要求		评分标准			配分	自检	自评	互检	互评
1	外圆尺寸	ϕ34 mm		每超差 0.01 mm 扣 2 分，扣完为止			10				
2	内孔尺寸	$\phi18_0^{+0.05}$ mm		超差无分			15				
		ϕ22		每超差 0.01 mm 扣 2 分，扣完为止			10				
		$\phi26_0^{+0.05}$ mm		超差无分			15				
3	长度尺寸	20 mm		每超差 0.1 mm 扣 2 分，扣完为止			5				
		10.5 mm		每超差 0.1 mm 扣 2 分，扣完为止			5				
		17.5 mm		每超差 0.1 mm 扣 2 分，扣完为止			5				
		28 mm		每超差 0.1 mm 扣 2 分，扣完为止			5				
		(42±0.05) mm		每超差 0.01 mm 扣 2 分，扣完为止			8				
4	其余尺寸	$R7$ mm		每超差 0.1 mm 扣 4 分，扣完为止			7				

表 2 - 3(续)

序号	考核项目	考核内容及要求	评分标准	配分	自检	自评	互检	互评
5	安全文明生产	(1)遵守机床安全操作规程。 (2)刀具、工具、量具放置规范。 (3)设备保养良好、场地整洁	每项不合格扣 1 分,扣完为止	5				
6	工艺合理	(1)工件定位、夹紧及刀具选择合理。 (2)加工顺序及刀具轨迹路线合理	每项不合格扣 1 分,扣完为止	5				
7	程序编制	(1)指令正确,程序完整。 (2)数值计算正确,程序编写表现出一定的技巧,简化计算和加工程序。 (3)切削参数、坐标系选择正确、合理	每项不合格扣 1 分,扣完为止	5				
8	发生重大事故(人身和设备安全事故)、严重违反工艺原则和存在情节严重的野蛮操作等,应取消其实操资格							
小组签字								

1. 使用内径千分尺的注意事项

(1)选取接长杆,尽可能选取数量最少的接长杆来组成所需的尺寸,以减小累积误差。在连接接长杆时,应按尺寸大小排列,尺寸最大的接长杆应与微分头连接。如把尺寸小的接长杆排在组合体的中央,则接长后千分尺的轴线会因管头端面平行度误差的"累积"而增加弯曲,使测量误差增大。

(2)测量时,固定测头与被测表面接触,摆动活动测头的同时转动微分筒,使活动测头在正确的位置上与被测工件手感接触,就可以从内径千分尺上读数。所谓正确位置是指测量两平行平面间距离时应测得最小值;测量内径尺寸时,轴向找最小值,径向找最大值。离开工件读数前,应用锁紧装置将测微螺杆锁紧,再进行读数。

(3)测量时必须注意温度影响,防止手的传热或其他热源,特别是大尺寸内径千分尺受温度变化的影响较为显著。测量前应严格等温,还要尽量减少测量时间。

2. 使用百分表的注意事项

(1)使用时,夹紧百分表的力不能过猛,以免影响杆移动的灵活性。

(2)使用时,应先对好"0"位,如果未对好,可转动外圈进行调整,否则要对测量读数加以修改。

【项目测试】

一、项目导入

加工学生实训单中的零件,材质为45#钢。

学生实训单

项目名称	轴套件的数控加工		
所需时间	4 学时	所用设备	CAK6140 数控车床
项目描述 (单位:mm)	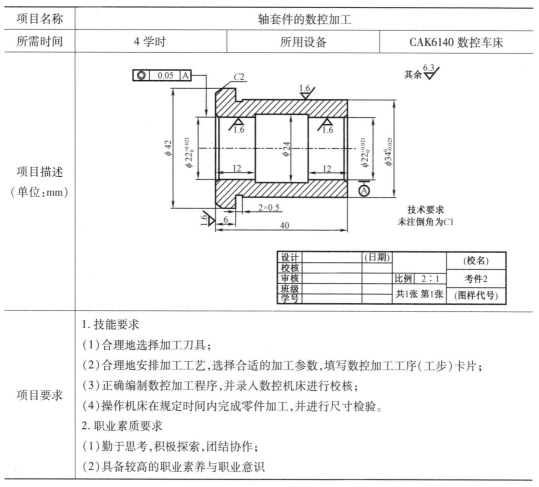		
项目要求	1. 技能要求 (1)合理地选择加工刀具; (2)合理地安排加工工艺,选择合适的加工参数,填写数控加工工序(工步)卡片; (3)正确编制数控加工程序,并录入数控机床进行校核; (4)操作机床在规定时间内完成零件加工,并进行尺寸检验。 2. 职业素质要求 (1)勤于思考,积极探索,团结协作; (2)具备较高的职业素养与职业意识		

二、编程、加工、检测

编程、加工后,将检测结果填入表2-4。

表2-4 测试件加工评分表

操作时间	4学时	组别		机床号			总分	
序号	考核项目	考核内容及要求		评分标准		配分	自检	自评	互检	互评

序号	考核项目	考核内容及要求	评分标准	配分	自检	自评	互检	互评
1	主要尺寸	$\phi 22_0^{+0.021}$ mm	每超差 0.01 mm 扣 5 分,扣完为止	10				
		$\phi 34_{-0.025}^{0}$ mm	每超差 0.01 mm 扣 5 分,扣完为止	10				
		$Ra1.6$ μm	$\phi 22$ mm、$\phi 34$ mm 端面各 7.5 分	15				
2	一般尺寸	40 mm	超差 0.5 mm 不得分	5				
		6 mm	超差 0.5 mm 不得分	5				
		2×0.5 mm	槽宽超差 0.5 mm 不得分	5				
		$\phi 24$ mm	超差 0.5 mm 不得分	5				
		12 mm	有一边超差 0.5 mm 不得分	5				
3	安全文明生产	(1)遵守机床安全操作规程。 (2)刀具、工具、量具放置规范。 (3)设备保养良好、场地整洁	每项不合格扣 2 分,扣完为止	10				
4	工艺合理	(1)工件定位、夹紧及刀具选择合理。 (2)加工顺序及刀具轨迹路线合理	每项不合格扣 2 分,扣完为止	14				
5	程序编制	(1)指令正确,程序完整。 (2)数值计算正确,程序编写表现出一定的技巧,简化计算和加工程序。 (3)刀具补偿功能运用正确、合理。 (4)切削参数、坐标系选择正确、合理	每项不合格扣 3 分,扣完为止	16				
6		发生重大事故(人身和设备安全事故)、严重违反工艺原则和存在情节严重的野蛮操作等,应取消其实操资格						
小组签字								

【知识拓展】SIEMENS 802D 系统循环指令

一、子程序

用子程序编写经常重复进行的加工指令,如某一特定的加工形状指令。子程序的另一种形式是加工循环,如螺纹切削、坯料切削等。

原则上讲,主程序与子程序没有区别。子程序的结构与主程序的结构一样,子程序名与主程序名命名原则相同,只是主程序的扩展名为.MPF,子程序的扩展名为.SPF。

子程序名还可以由地址字 L 后面加数字构成,L 后面的数字最多 7 位,并且只能为整数,数字中的每个零都有意义,不能省略。例如,L123 并非 L0123 或 L00123,而是表示 3 个不同的子程序。

主程序结束指令为 M30 或 M02。子程序结束指令为 M02 或 RET。子程序结束后返回主程序。

不仅可以从主程序中调用子程序,也可以从其他子程序中调用,这个过程称为子程序的嵌套。规定子程序的嵌套深度为 8 层。SIEMENS 循环最多有 4 级程序。

在一个程序(主程序或子程序)中可以直接用程序名调用子程序。子程序的调用应占用一个独立的程序段,例如:

```
N10   L123            调用子程序 L123
N20   HAO7            调用子程序 HAO7
```

如果要求多次连续地执行某一子程序,则在编程时必须在所调用子程序的程序名后,在地址 P 下写入调用次数,例如:

```
L246 P4               调用子程序 L246,运行 4 次
```

二、循环指令

1. 切槽循环指令(CYCLE93)

格式:LCYC93(SPD,DPL,WIDG,DIAG,STA1,ANG1,ANG2,RCO1,RCO2,RCI1,RCI2,FAL1,FAL2,IDEP,DTB,VARI)。

说明:该指令用于对垂直轮廓单元进行对称和不对称切槽,可进行外部或内部切槽。

CYCLE93 各参数说明见表 2 - 5 和图 2 - 26。

表 2 - 5　CYCLE93 参数表

参数	类型	说明
SPD	real	横向坐标轴起始点
DPL	real	纵向坐标轴起始点
WIDG	real	切槽宽度(无符号输入)
DIAG	real	切槽深度(无符号输入)
STA1	real	轮廓和纵向轴之间的角度,范围值:0° ≤STA1≤180°

表 2 – 5（续）

参数	类型	说明
ANG1	real	侧面角 1：在切槽一边，由起始点决定（无符号输入） 范围值：0°≤ANG1≤89.999°
ANG2	real	侧面角 2：在另一边（无符号输入） 范围值：0°≤ANG1≤89.999°
RCO1	real	半径/倒角 1，外部：位于起始点侧
RCO2	real	半径/倒角 2，外部：在另一边
RCI1	real	半径/倒角 1，内部：位于起始点侧
RCI2	real	半径/倒角 2，内部：在另一边
FAL1	real	槽底的精加工余量
FAL2	real	侧面的精加工余量
IDEP	real	进给深度（无符号输入）
DTB	real	槽底停顿时间
VARI	int	加工类型，范围值：1 ~ 8 和 11 ~ 18

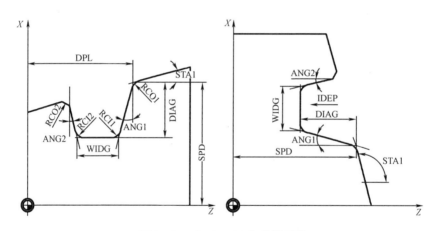

图 2 – 26　CYCLE93 各参数说明

其中，VARI 为 1 ~ 8 时，倒角被考虑成 CHF；VARI 为 11 ~ 18 时，倒角被考虑成 CHR。

例 2 – 10　加工如图 2 – 27 所示的凹槽，程序如下：

```
G90 T2 D1 S500 M03

G95 F0.2

G00 X70 Z38

CYCLE93(60,41,15,20,0,20,20,0,0,2,2,0.5,0.5,3,1,5)

G00 X82 Z50

M05  M30
```

切槽循环举例如图 2 – 28 所示。

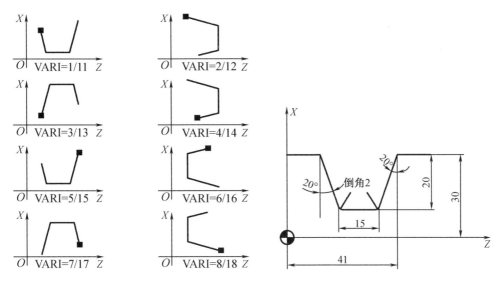

图 2 – 27　VARI 参数说明

图 2 – 28　切槽循环举例(单位:mm)

2. 退刀槽循环指令(CYCLE94)

格式:LCYC94(SPD,SPL,FORM)。

说明:该指令切削形状为"E"和"F"的退刀槽,要求成品直径大于 3 mm。

CYCLE94 各参数说明见表 2 – 6 和图 2 – 29。

表 2 – 6　CYCLE94 参数表

参数	类型	说明
SPD	real	横向坐标轴起始点(无符号输入)
SPL	real	纵向轴的刀具补偿的起始点(无符号输入)
FORM	char	形状定义,值为"E"(用于形状 E)、"F"(用于形状 F)

　　形状定义如图 2 – 30 所示。调用循环之前必须激活刀具补偿,循环通过有效的刀具补偿自动计算刀尖方向,可以在刀尖方向 1～4 运行。刀尖方向如图 2 – 31 所示。

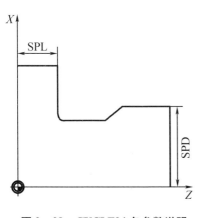

图 2 – 29　CYCLE94 各参数说明

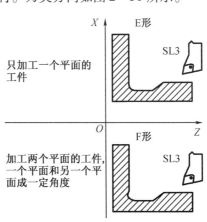

图 2 – 30　形状定义

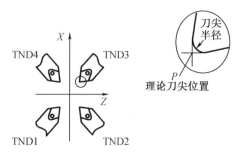

图 2 - 31　刀尖方向

例 2 - 11　执行退刀槽切削循环指令,切削如图 2 - 32 所示的 E 形退刀槽,程序如下:

```
G90 T2 D1 S300 M3
G00 X70 Z100
G95 F0.3
CYCLE94(54,48,"E")
G90 G0 Z100 X70
M05
M30
```

3. 毛坯切削循环(CYCLE95)

格式:CYCLE95(NPP,MID,FALZ,FALX,FAL,FF1,FF2,FF3,VARI,DT,DAM,_VRT)。

说明:用此循环可以在坐标轴平行方向加工由子程序编程的轮廓,可以进行纵向和横向加工,也可以进行内、外轮廓加工,轮廓可以包括凸凹切削成分,如图 2 - 33 所示。

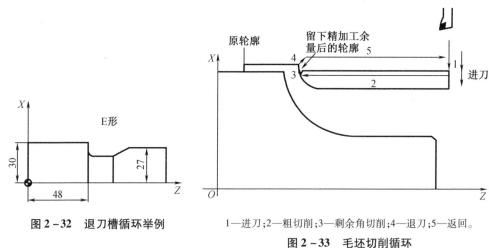

图 2 - 32　退刀槽循环举例

1—进刀;2—粗切削;3—剩余角切削;4—退刀;5—返回。

图 2 - 33　毛坯切削循环

CYCLE95 各参数说明见表 2 - 7。其中,加工类型见表 2 - 8。

表 2 - 7　CYCLE95 参数表

参数	类型	说明
NPP	string	轮廓子程序名称
MID	real	进给深度(无符号输入)
FALZ	real	纵向轴的精加工余量(无符号输入)
FALX	real	横向轴的精加工余量(无符号输入)
FAL	real	轮廓的精加工余量
FF1	real	非退刀槽加工的进给率
FF2	real	进入凸凹切削时的进给率
FF3	real	精加工的进给率
VARI	real	加工类型,范围值:1 ~ 12
DT	real	粗加工时用于断屑的停顿时间
DAM	real	粗加工因断屑而中断时所经过的路径长度
_VRT	real	粗加工时从轮廓的退回行程,增量(无符号输入)

表 2 - 8　加工类型

数值	纵向/横向	外部/内部	粗加工/精加工/综合加工
1	纵向	外部	粗加工
2	横向	外部	粗加工
3	纵向	内部	粗加工
4	横向	内部	粗加工
5	纵向	外部	精加工
6	横向	外部	精加工
7	纵向	内部	精加工
8	横向	内部	精加工
9	纵向	外部	综合加工
10	横向	外部	综合加工
11	纵向	内部	综合加工
12	横向	内部	综合加工

例 2 - 12　执行毛坯切削循环指令,切削如图 2 - 34 所示的零件,程序如下:

```
MPXH.MPF
T01 D01 G95 S500 M03 F0.4                                    确定工艺参数
G00 Z125 X140                                                到达进刀点
CYCLE95("ZLH95",5,0.5,0.4,0.2,0.4,0.1,0.2,9,0,0,0.5)
G00 G90 X140                                                 退刀
Z125
```

```
M05 M30
ZLH95.SPF                                          子程序
G01 Z100 X40                                       P0 点
Z85                                                P1 点
X54                                                P2 点
Z77 X70                                            P3 点
Z67                                                P4 点
G02 Z62 X80 CR = 5                                 P5 点
G01 Z62 X96                                        P6 点
G03 Z50 X120 CR = 12                               P7 点
G01 Z35                                            P8 点
RET
```

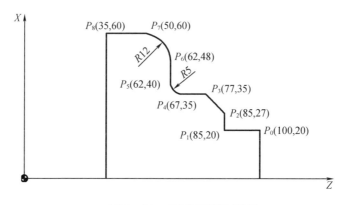

图 2 – 34　毛坯切削循环举例

三、船用轴套的 SIEMENS 802D 系统仿真加工

1. 选择机床

按"选择机床"键（🖥）→控制系统：SIEMENS 802D→机床类型：车床（沈阳第一机床厂）。

2. 机床回零

松开"急停"键→按"电源开"键→按 ➡ 键，Z 轴回原点；按 ⬇ 键，X 轴回原点→屏幕显示 X1 ▶ 600.000 Z1 ▶ 1010.000 →按"JOG 模式"键，将刀架移至卡盘附近→利用俯视图和放大视图观察卡盘与刀架。

3. 安装工件和刀具

（1）定义毛坯，相当于实际加工中的下料。

按"定义毛坯"键（⬜）→按 ▬ 键→按"确定"键。

（2）放置零件，相当于实际加工中的安装工件。

按"放置零件"键（📦）→选择上述定义的毛坯→选择"安装零件"→此时三爪卡盘装夹长度为 50 mm，按向右箭头将零件拉出，至最小装夹长度为 10 mm→按"退出"键。

（3）选择下拉菜单"视图"→"选项"→将"仿真加速倍率"设为"50"→"零件显示方式"→"剖面"（车床）→全剖→按"确定"键。

（4）安装刀具，如图2-35所示。

按"选择刀具"键（ ⚒ ）→尾座→钻头，刀长：140，直径：17.5→1号刀位，选择刀片：35°，刀尖半径：0.20→选择刀柄：外圆车刀，主偏角：95°→2号刀位，选择刀片：55°，刀尖半径：0.20→选择刀柄：内孔柄，加工深度：50，最小直径：15，主偏角：85°→按"确定"键。

4. 钻孔

选择下拉菜单"机床"→"移动尾座"→按 🔁 键，移动尾座至零件附近→选择"主轴正转"→选择

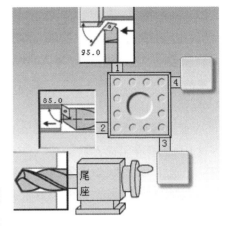

图2-35　安装刀具

"移动套筒"，按 🔁 键→钻孔→钻孔完毕→按 🔁 键，将钻头从零件中移出→取消"移动套筒"→按 🔁 键，将尾座移至机床尾部→按"退出"键。

5. 对刀

（1）外圆车刀对刀。

X轴对刀：选择"JOG模式"→主轴正转→车外圆一点余量（注意，外圆余量较少，不要将零件切废，可用手轮方式）→Z轴正方向退刀→主轴停→按"测量"键→选"剖面图测量"，选择切削部分的外径→读出切削部分的外径值→退出→按"测量刀具"键→"手动测量"进入刀具测量界面，如图2-36所示→按"存储位置"软键，存储位置显示"245.100"→向下移动光标→在直径"ϕ"位置输入已测量的切削过的零件外径值"34.563"→按"设置长度1"软键→系统自动计算出长度1为"210.537"（长度1为X值，长度2为Z值）。

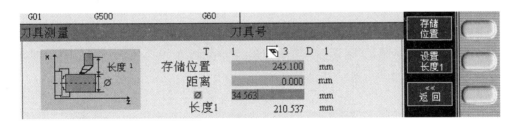

图2-36　外圆车刀X值对刀参数设置

Z轴对刀：选择"JOG模式"→主轴正转→车端面一点余量→X轴正方向退刀→主轴停→按"测量"键→选"剖面图测量"→测量零件实际长度为"42.571"→退出→按"测量刀具"键→"手动测量"进入刀具测量界面→按"长度2"软键，如图2-37所示→在"Z0"处输入"0.571"→按"设置长度2"软键→系统自动计算出长度2为"82.904"。

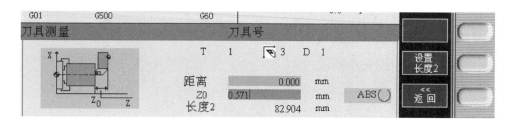

图 2 - 37　外圆车刀 Z 值对刀参数设置

（2）换内孔车刀，按　键→输入程序"T2D1"→按　键。

（3）内孔车刀对刀。

X 轴对刀：选择"JOG 模式"→主轴正转→车内孔一点余量→Z 轴正方向退刀→主轴停→按"测量"键→选"剖面图测量"，选择切削部分的内径→读出切削部分的内径值→退出→按"测量刀具"键→"手动测量"进入刀具测量界面，如图 2 - 38 所示→按"存储位置"软键，存储位置显示"67.000"→向下移动光标→在直径"φ"位置输入已测量的切削过的零件内径值"19.733"→按"设置长度 1"软键→系统自动计算出长度 1 为"47.267"。

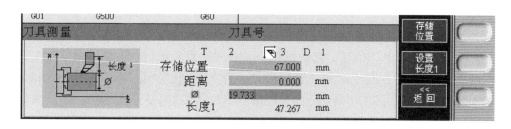

图 2 - 38　内孔车刀 X 值对刀参数设置

Z 轴对刀：选择"JOG 模式"→主轴正转→车端面一点余量（注意，端面余量较少，不要将零件切废，可用手轮方式）→X 轴正方向退刀→主轴停→按"测量"键→选"剖面图测量"→测量零件实际长度为"42.221"→退出→按"测量刀具"键→"手动测量"进入刀具测量界面→按"长度 2"软键，如图 2 - 39 所示→在"Z0"处输入"0.221"→按"设置长度 2"软键→系统自动计算出长度 2 为"131.579"。

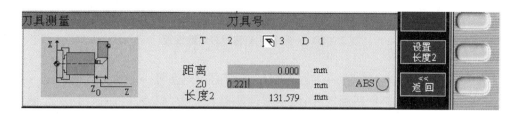

图 2 - 39　内孔车刀 Z 值对刀参数设置

（4）输入刀尖半径值和刀具位置号。

按　键→进入刀具补偿界面，如图 2 - 40 所示，输入刀具半径值和刀具位置号。

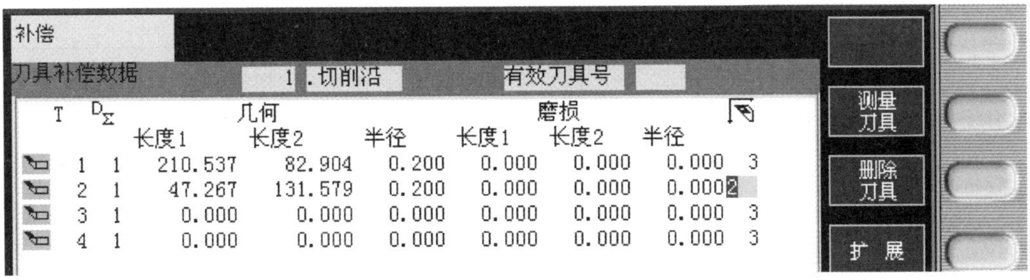

补偿								
刀具补偿数据			1.切削沿		有效刀具号			
T	D∑		几何			磨损		
		长度1	长度2	半径	长度1	长度2	半径	
1	1	210.537	82.904	0.200	0.000	0.000	0.000	3
2	1	47.267	131.579	0.200	0.000	0.000	0.0002	
3	1	0.000	0.000	0.000	0.000	0.000	0.000	3
4	1	0.000	0.000	0.000	0.000	0.000	0.000	3

右侧按键：测量刀具、删除刀具、扩展

图 2 - 40　刀具补偿值输入

6. 输入程序

（1）手动输入程序

按 Prog Man 键，进入程序管理界面→按"新程序"软键→依次输入程序，每行程序结束按 键换行，直至输入程序结束。

（2）导入数控程序

先利用记事本或写字板编辑好程序并保存为文本文件。文本文件的前两行必须是如下内容：

% _N_复制进数控系统之后的文件名_MPF

;MYMPATH = /_N_MPF_DIR

点击菜单"机床"→"DNC 传送"，在弹出的对话框中选择所需的 NC 程序，按"打开"键确认。

打开键盘，按 Prog Man 键进入程序管理界面，按 读入 键，此程序将被自动复制进数控系统。

7. 自动加工

（1）单段加工

选择要执行的程序，按 执行 键→按  键→按  键，则每按一次  键，程序执行一个程序段。单段加工用于首件加工时检查程序错误。

（2）自动加工

选择要执行的程序，按 执行 键→按  键→  键，程序自动执行。

8. 尺寸测量

逐个进行尺寸检查，填写表 2 - 3。

四、船用轴套的 SIEMENS 802D 系统数控编程

船用轴套的 SIEMENS 802D 系统数控编程见表 2 - 9。

表 2 - 9   船用轴套的 **SIEMENS 802D** 系统数控编程

ZTJG. MPF	ZCX1. MPF
T1D1 M03 S500 F0. 15	G41 G00 X27. 975
G00 X40 Z0	G01 Z0 F0. 1
G01 X16	X25. 975 W − 1
G00 Z5	Z − 10. 5
X22	X22 Z − 17. 5
G01 X34 Z − 1	Z − 28
Z − 20	G03 X18 Z − 32. 899 CR = 7
X38	G01 Z − 43
G00 X60 Z100	G40 G00 X16
T2D1 M03 S800 F0. 12	M02
G00 X15 Z5	
CYCLE95(ZCX1,1,0. 5,0. 5,0. 5,0. 2,0. 1,0. 1,11,0,0,0. 5)	
G00 Z100	
X60	
M30	

项目三 船用螺旋桨螺纹主轴的数控编程与加工

【任务引入】

一、任务描述

船用螺旋桨螺纹主轴零件图如图 3 - 1 所示。本项目的主要任务是进行船用螺旋桨螺纹主轴的工艺分析、数控编程、仿真加工和实际加工。

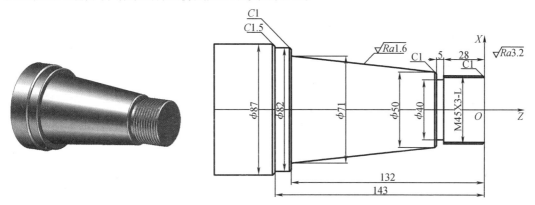

图 3 - 1 船用螺旋桨主轴零件图(单位:mm)

二、任务分析

本项目的重点是进行螺纹的编程与加工,采用 G92 指令或 G76 指令进行螺纹的编程。M45X3-L 表示螺距为 3 mm 的细牙左旋普通螺纹,该螺纹是标准细牙螺纹,采用公制螺纹环规 M45X3-L 进行检测。

【知识链接】

一、螺纹加工方法

1. 螺纹牙型高度(螺纹总切深)

螺纹牙型高度是指在螺纹牙型上,牙顶到牙底之间垂直于螺纹轴线的距离。如图 3 - 2 所示,它是车削时车刀总切入深度。

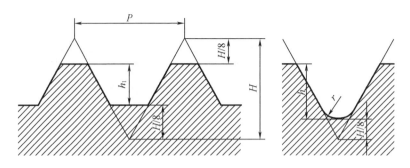

图 3-2　螺纹有关尺寸示意图

GB 197—81《普通螺纹　公差与配合(直径 1~355 mm)》规定,普通螺纹的牙型高度 H = 0.866P。实际加工时,由于螺纹车刀刀尖半径的影响,螺纹的实际切深有变化。该标准还规定,螺纹车刀可在牙底最小削平高度 $H/8$ 处削平或倒圆,则螺纹实际牙型高度可按下式计算:

$$h = H - 2(H/8) = 0.649\ 5P$$

式中,H 为螺纹牙型高度,$H = 0.866P$,单位为 mm;P 为螺距,单位为 mm。

2. 螺纹径向尺寸的确定

一般可按下式近似值计算:

螺纹大径:$d_大 \approx d_{公称} - (0.1~0.14) \times 螺距$

螺纹底径:$d_底 = d_{公称} - (1~1.05) \times 螺距$

螺纹小径:$d_小 = D_小 = d_{公称} - 1.3 \times 螺距$

3. 螺纹轴向尺寸的确定

由于车螺纹起始时有一个加速过程,结束前有一个减速过程,在这段距离中,螺纹不可能保持均匀,因此车螺纹时,两端必须设置足够的升速进刀段 $\delta_1 = 2~5$ mm 和减速退刀段 $\delta_2 = \delta_1/4$。

4. 分层切削深度

如果螺纹牙型较深、螺距较大,可分几次进给。常用螺纹切削的进给次数与背吃刀量可参考表 3-1 选取。每次进给的背吃刀量用螺纹深度减去精加工背吃刀量所得的差按递减规律分配,如图 3-3 所示。在实际加工中,当用牙型高度控制螺纹直径时,一般通过试切来满足加工要求。

表 3-1　常用螺纹切削的进给次数与背吃刀量　　　　　　　　　　单位:mm

米制螺纹							
螺距	1.0	1.5	2.0	2.5	3.0	3.5	4.0
牙深(半径值)	0.649	0.974	1.299	1.624	1.949	2.273	2.598
背吃刀量 切削次数　1 次	0.7	0.8	0.9	1.0	1.2	1.5	1.5
2 次	0.4	0.6	0.6	0.7	0.7	0.7	0.8
3 次	0.2	0.4	0.6	0.6	0.6	0.6	0.6

表 3 - 1(续)

米制螺纹

背吃刀量 切削次数							
4 次		0.16	0.4	0.4	0.4	0.6	0.6
5 次			0.1	0.4	0.4	0.4	0.4
6 次				0.15	0.4	0.4	0.4
7 次					0.2	0.2	0.4
8 次						0.15	0.3
9 次							0.2

英制螺纹

螺纹参数 a/(牙·英寸$^{-1}$)	24	18	16	14	12	10	8
牙深(半径值)	0.678	0.904	1.016	1.162	1.355	1.626	2.033
背吃刀量 切削次数　1 次	0.8	0.8	0.8	0.8	0.9	1.0	1.2
2 次	0.4	0.6	0.6	0.6	0.6	0.7	0.7
3 次	0.16	0.3	0.5	0.5	0.6	0.6	0.6
4 次		0.11	0.14	0.3	0.4	0.4	0.5
5 次				0.13	0.21	0.4	0.5
6 次						0.16	0.4
7 次							0.17

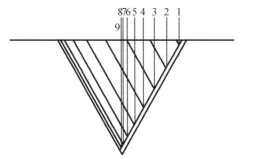
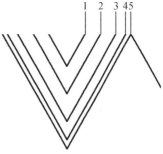

图 3 - 3　分层切削深度规律

二、螺纹编程指令

1. 螺纹切削单一固定循环(G92)

格式:G92　X(U)__Z(W)__I__F__。

说明:X(U)__Z(W)__ 螺纹终点坐标指令;I 为螺纹的始点与终点半径差指令,加工圆柱螺纹时,I 为零,可省略;F 为螺纹导程指令。

该指令可切削圆锥螺纹和圆柱螺纹,图 3 - 4(a)为圆锥螺纹循环,图 3 - 4(b)为圆柱螺纹循环。刀具从循环起点开始,按 A、B、C、D 进行自动循环,最后又回到循环起点 A。

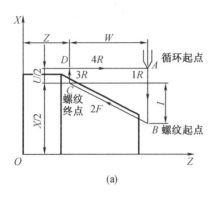
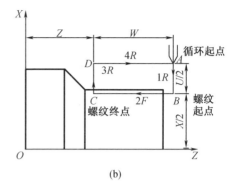

(a)　　　　　　　　　　　　　(b)

图 3-4　G92 循环方式

例 3-1　车削如图 3-5 所示的 M30×2-6g 的普通螺纹,试编程。

螺纹大径:$d_{大} \approx d_{公称} - (0.1 \sim 0.14) \times 螺距 = 30 - 0.1 \times 2 = 29.8$ mm

螺纹小径:$d_{小} = D_{小} = d_{公称} - 1.3 \times 螺距 = 30 - 1.3 \times 2 = 27.4$ mm

加工程序如下:

```
T0101 M03 S800
G00    X35 Z104
G92 X28.8 Z53 F2
X28
X27.6
X27.4
G00 X270 Z260
M30
```

图 3-5　G92 编程方法举例(单位:mm)

2. 螺纹切削复合循环(G76)

格式:G76 P(m)(r)(a)　Q(Δdmin)　R(d)

　　　　G76 X(U)　Z(W)　R(i)　P(k)　Q(Δd)F(f)

说明:m 为精加工修整次数(两位整数表示);r 为螺纹退尾端倒角量(两位整数表示);a 为刀尖角度(两位整数表示);Δd_{min} 为半径方向最小切削深度(按最小设定单位编写);当第 n 次切削深度$(\sqrt{n} - \sqrt{n-1})\Delta d$ 小于 Δd_{min} 时,则切削深度设定为 Δd_{min};d 为精加工余量;X、Z 为最后一次走刀的终点坐标;$i = R_{起} - R_{终}$;k 为半径方向牙型高度(按最小设定单位编写);Δd 为半径方向第一次的背吃刀量(按最小设定单位编写);f 为导程。

图 3-6 所示为螺纹走刀路线及进刀法。其中,X、Z、U、W、i 的含义与 G92 中的含义相同;k 为螺纹牙型高度(半径值),通常为正值;Δd 为第一次进给的背吃刀量(半径值),通常为正值;F 为螺纹导程;α 为螺纹牙型角。

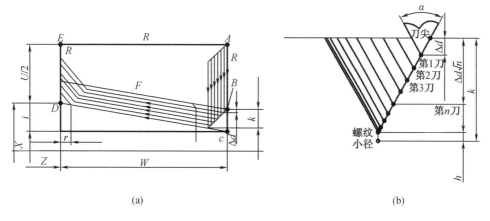

(a)　　　　　　　　　　　　　　　(b)

图 3 - 6　G76 循环方式

例 3 - 2　图 3 - 7 所示螺纹程序如下：

```
G76  P010160  Q80  R0.1
G76  X55.564  Z25  R0  P3680  Q1800  F6
```

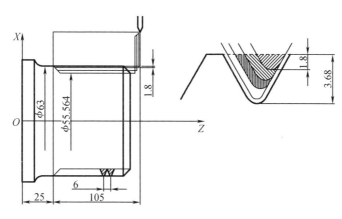

图 3 - 7　G76 编程方法举例(单位:mm)

【任务实施】

一、船用螺旋桨螺纹主轴工艺分析

1.确定加工方案

如图 3 - 1 所示,以该零件轴心线为工艺基准,用三爪自定心卡盘夹持 ϕ90 mm 外圆,使工件伸出卡盘 150 mm 左右,一次装夹完成粗、精加工。

换刀点设为 X100、Z100,其位置的确定原则为方便拆卸工件,不发生碰撞。起刀点的位置应在工件附近(X60、Z30),方便螺纹切削时减少空走刀行程。加工工步顺序为:车端面→粗车外圆,留 0.5 mm 精车余量→精车外圆至零件尺寸→切退刀槽→车螺纹。

2. 选择刀具与切削用量

外圆端面车刀 T01，刀具主偏角为 90°；T02 为 93°外圆精车刀；切槽（断）刀 T03，刀宽 5 mm；T04 为 60°螺纹车刀。上述刀具材料为硬质合金。

切削用量的具体数值应根据机床性能、被加工工件材料、硬度、切削状态、被吃刀量、进给量、刀具耐用度、相关的手册并结合实际经验确定。

粗加工外圆：主轴转速为 500 r/min，进给速度为 0.15 mm/r；

精加工外圆：主轴转速为 1 200 r/min，进给速度为 0.1 mm/r；

切槽：主轴转速为 500 r/min，进给速度为 0.05 mm/r；

车螺纹：根据公式 $n \leqslant 1\ 200/(P-K)(K=80)$，计算出主轴转速为 320 r/min。

螺纹大径：$d_{大} \approx d_{公称} - 0.1 \times$ 螺距 $= 45 - 0.1 \times 3 = 44.7$ mm；

螺纹小径：$d_{小} = d_{公称} - 1.3 \times$ 螺距 $= 16 - 1.3 \times 3 = 12.1$ mm。

拟定螺纹轴数控加工工序（工步）卡片见表 3 - 2。

表 3 - 2　螺纹轴数控加工工序（工步）卡片

数控加工工序（工步）卡片	零件图号	零件名称	材料	使用设备
	CDZ - 001	螺纹轴	45#钢	数控车床

工步号	工步内容	刀具号	刀具名称	刀具规格	主轴转速 /(r·min⁻¹)	进给量 /(mm·r⁻¹)	备注
1	粗车零件右端外圆表面	T01	外圆车刀	90°	500	0.15	
2	精车零件右端外圆表面	T02	外圆车刀	93°	1200	0.1	
3	切退刀槽	T03	切槽刀	5 mm	500	0.05	
4	车螺纹	T04	螺纹车刀	60°	320		
5	切断，控制零件总长	T03	切断刀	5 mm			手动

二、船用螺旋桨螺纹主轴的手工编程

船用螺旋桨螺纹主轴的手工编程见表 3 - 3。

表 3－3　船用螺旋桨螺纹主轴的手工编程

O0001	
T0101	
M03 S800 F0.3	
G00 X100 Z30	
G01 Z0	O0002
G01 X－1	T0303
G01 Z10	M03 S500 F0.05
G00 X100 Z30	G00 X100 Z30
G71 U1 R1	G01 Z－32
G71 P10 Q100 U1 W0	G01 X40
N10 G01 X42.7	G04 X2.0
Z0	G01 X70
X44.7 Z－1	G00 Z100
Z－33	M05
X48	M30
X50 Z－34	
X71 Z－132	
X80	O0003
X82 Z－133	T0404
Z－143	M03 S320
X84	G00 X60 Z30
X87 Z－144.5	G92 X44.7 Z－29 F2
Z－150	X43.8
N100 G01 X100	X42.8
G00 Z30	X41.9
M05	X41.1
T0202	G01 X80
M03 S1200 F0.1	G00 Z50
G00 G42 X80 Z20	M30
G70 P10 Q100	
G00 X200 Z50	
M05	
M30	

三、船用螺旋桨螺纹主轴的自动编程

（1）打开 CAXA 数控车软件，系统默认 XY 平面，选择 XY 平面为当前绘图基准面。

（2）单击"直线"图标（选择屏幕左下方"两点线"方式），以坐标原点为圆心，向 X 轴负方向画一条长度为 180 的线，按回车键确定，如图 3－8、图 3－9 所示。

图 3 - 8　命令菜单栏(五) 　　　　　　　　图 3 - 9　直线显示图(一)

(3)单击"直线"图标,以坐标原点为圆心,向 Y 轴正方向画一条长度为 22.5 的线,按回车键确定;然后向左画一条长度为 34 的线,按回车键确定;再向上画一条长度为 2.5 的线,按回车键确定,如图 3 - 10 所示。

(4)单击"直线"图标,点击上一步结束点,画一条长度为 98、角度为 175 的线,如图 3 - 11、图 3 - 12 所示。

图 3 - 10　画线显示图　　　　　　　　　图 3 - 11　命令条(一)

(5)单击"直线"图标,点击上一步结束点,向上画一条长度为 5.5 的线,然后向左画一条长度为 11 的线,接着向上画一条长度为 2.5 的线,再向左画一条长度为 37 的线,如图 3 - 13、图 3 - 14 所示。

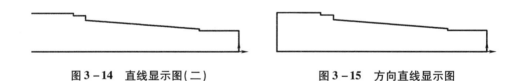

图 3 - 12　角度线显示图　　　　　　　　图 3 - 13　命令条(二)

(6)单击"直线"图标,点击上一步结束点,连接 X 轴负方向直线,如图 3 - 15 所示。

图 3 - 14　直线显示图(二)　　　　　　　图 3 - 15　方向直线显示图

(7)单击"过渡"图标(选择屏幕左下方"倒角"方式),倒角长度为 1,点击线段 1 和线段 2,点击线段 3 和线段 4,点击线段 5 和线段 6;然后更改倒角长度为 1.5,点击线段 7 和线段 8,如图 3 - 16、图 3 - 17 所示。

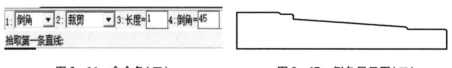

图 3 - 16　命令条(三)　　　　　　　　　图 3 - 17　倒角显示图(二)

（8）绘制如图 3 – 18 所示的封闭图形（无尺寸要求）。

图 3 – 18　封闭图形

（9）单击"轮廓粗车"图标，输入粗车参数，输入完毕点击"确定"按钮。

（10）点击线段 1→单击图形内任何空白处一点→点击线段 2→点击线段 3→单击图形内任何空白处一点→点击线段 4→点击图形外右上方任何一点，如图 3 – 19 所示。

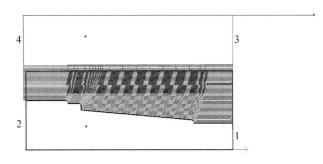

图 3 – 19　刀具轨迹图

（11）单击"代码生成"图标，点击"确定"按钮，然后点击图形内刀具轨迹，单击鼠标右键，即出现此零件车外轮廓编程。

【实训加工】

一、实训目的与要求

（1）了解数控车削加工螺纹的加工原理及加工工艺。

（2）掌握螺纹加工编程指令的基本结构及编程方法。

（3）掌握在数控车床上加工螺纹控制尺寸的方法。

（4）掌握螺纹加工切削用量的选择。

（5）熟练运用单一固定循环指令 G92 和复合循环指令 G76 加工三角螺纹；了解相关的螺纹加工方法及锥螺纹的加工方法。

二、仪器与设备

（1）卧式数控车床若干台。

（2）铝棒（长度、直径视实训零件尺寸而定）。

（3）工量具准备：

①量具准备清单

游标卡尺　　　　0 ~ 150 mm/0.02 mm

螺纹环规　　　M45×3

钢直尺　　　　0～200 mm

锥面套

②工具准备清单

卡盘扳手、刀架扳手、垫刀片。

③刀具准备清单

外圆粗车刀　　90°

外圆精车刀　　93°

切槽刀　　　　刀宽5 mm

外螺纹车刀　　60°

三、输入零件程序,进行程序校验及加工轨迹仿真,修改程序

略。

四、进行对刀操作,自动加工

略。

五、检测工件

使用所提供的量具对船用螺旋桨螺纹主轴进行测量,填写表3-4。

表3-4　船用螺旋桨螺纹主轴加工评分表

操作时间	4 学时	组别		机床号		总分				
序号	考核项目	考核内容及要求		评分标准		配分	自检	自评	互检	互评
1	外圆尺寸	φ40 mm		每超差 0.01 mm 扣 2 分,扣完为止		8				
		φ50 mm		每超差 0.01 mm 扣 2 分,扣完为止		10				
		φ71 mm		每超差 0.001 mm 扣 2 分,扣完为止		5				
		φ82 mm		每超差 0.01 mm 扣 2 分,扣完为止		5				
2	长度尺寸	28 mm		每超差 0.1 mm 扣 2 分,扣完为止		5				
		5 mm		每超差 0.1 mm 扣 2 分,扣完为止		6				
		132 mm		每超差 0.1 mm 扣 2 分,扣完为止		5				
		143 mm		每超差 0.1 mm 扣 2 分,扣完为止		7				

表 3 - 4(续)

序号	考核项目	考核内容及要求	评分标准	配分	自检	自评	互检	互评
3	表面粗糙度	$Ra1.6 \ \mu m$	酌情扣 1~5 分	5				
		$Ra3.2 \ \mu m$	酌情扣 1~4 分	5				
		$C1.5 \ mm$	每超差 0.1 mm 扣 2 分,扣完为止	5				
		$C1 \ mm$	每超差 0.1 mm 扣 1 分,扣完为止	5				
5	螺纹环规	$M45 \times 3$	不合格不得分	14				
6	安全文明生产	(1)遵守机床安全操作规程。(2)刀具、工具、量具放置规范。(3)设备保养良好、场地整洁	每项不合格扣 1 分,扣完为止	5				
7	工艺合理	(1)工件定位、夹紧及刀具选择合理。(2)加工顺序及刀具轨迹路线合理	每项不合格扣 1 分,扣完为止	5				
8	程序编制	(1)指令正确,程序完整。(2)数值计算正确,程序编写表现出一定的技巧,简化计算和加工程序。(3)切削参数、坐标系选择正确、合理	每项不合格扣 1 分,扣完为止	5				
9		发生重大事故(人身和设备安全事故)、严重违反工艺原则和存在情节严重的野蛮操作等,应取消其实操资格						
小组签字								

使用螺纹环规的注意事项如下:

使用时,应注意被测螺纹公差等级及偏差代号与环规标识的公差等级、偏差代号相同,首先要清理干净被测螺纹上的油污及杂质。

(1)通规使用时,在环规与被测螺纹对正后,用拇指与食指转动环规,使其在自由状态下旋合通过螺纹全部长度判定为合格,否则判定为不合格。

(2)止规使用时,在环规与被测螺纹对正后,用拇指与食指转动环规,旋入螺纹长度在两个螺距之内为合格,否则判定为不合格。

【项目测试】

一、项目导入

加工学生实训单中的球头套零件,材质为45#钢。

二、零件工艺分析

该零件最大外径为 $\phi70$ mm,长度为 70 mm,故选取毛坯为 $\phi75$ mm×75 mm 的棒料。

学生实训单

项目名称	球头套的数控加工		
所需时间	4 学时	所用设备	CAK6140 数控车床
项目描述 (单位:mm)	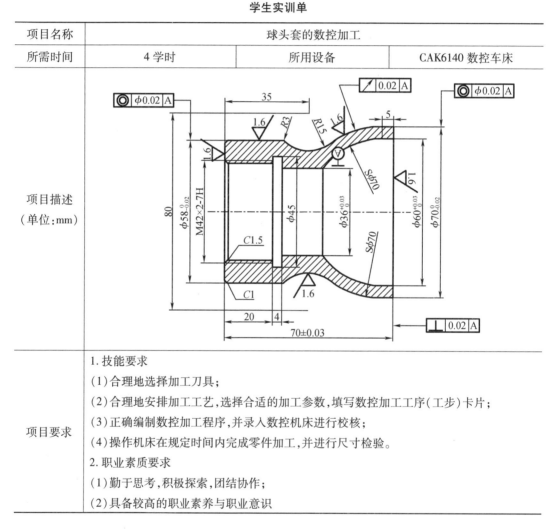		
项目要求	1. 技能要求 (1)合理地选择加工刀具; (2)合理地安排加工工艺,选择合适的加工参数,填写数控加工工序(工步)卡片; (3)正确编制数控加工程序,并录入数控机床进行校核; (4)操作机床在规定时间内完成零件加工,并进行尺寸检验。 2. 职业素质要求 (1)勤于思考,积极探索,团结协作; (2)具备较高的职业素养与职业意识		

该零件需要二次装夹、调头加工,主要加工操作步骤如下:

1. 零件的左端加工

(1)三爪自定心卡盘装夹零件毛坯。

(2)粗、精车端面,长度留余量。(手动加工)

(3)钻中心孔,选择钻头钻通孔,注意使用冷却液。(手动加工)

（4）镗孔 $\phi36$ mm 和螺纹小径至要求尺寸。

（5）车内槽。

（6）加工螺纹 M42×2-7H。

（7）粗、精加工 $\phi58^{0}_{-0.02}$ mm 至尺寸，长度大于实际尺寸，以便二次装夹找正。

2. 零件的右端加工

（1）调头装夹，用百分表找正。

（2）加工长度尺寸（70 ±0.03）mm。

（3）粗、精加工内轮廓至要求尺寸。

（4）粗、精加工外轮廓至要求尺寸。

3. 数值计算

$S\phi70$ mm 的起点坐标（69.99，－5），终点坐标（56，－26.42）。

$R3$ mm 圆弧的起点坐标（56，－44.43），终点坐标（58，－46.31）。

$S\phi60$ mm 的起点坐标（60，－5），终点坐标（36，－29.63）。

4. 拟定数控加工工序（工步）卡片

拟定数控加工工序（工步）卡片，见表 3 –5。

表 3 –5　球头套数控加工工序（工步）卡片

数控加工工序（工步）卡片	零件图号		零件名称		材料		使用设备	
	LVJG –002				45#钢		数控车床	
工步号	工步内容		刀具号	刀具名称	刀具规格	主轴转速 /(r·min⁻¹)	进给量 /(mm·r⁻¹)	刀具半径补偿	备注

工步号	工步内容	刀具号	刀具名称	刀具规格	主轴转速 /(r·min⁻¹)	进给量 /(mm·r⁻¹)	刀具半径补偿	备注
1	车端面	T01	外圆车刀					手动
2	钻中心孔,钻通孔	T02 T03	中心钻 钻头					手动
3	粗镗 $\phi36$ mm 和螺纹小径至要求尺寸	T04	镗刀		1 000	0.3		
4	粗镗 $\phi36$ mm 和螺纹小径至要求尺寸	T04	镗刀		1 300	0.2		
5	车内槽	T05	内槽刀	4 mm	450	0.1		
6	加工螺纹 M42×2-7H	T06	内螺纹车刀	60°	500			
7	粗车 $\phi58$ mm 至要求尺寸	T01	外圆车刀		800	0.4		
8	精车 $\phi58$ mm 至要求尺寸	T01	外圆车刀		1 000	0.2		
9	调头装夹,百分表找正							手动
10	加工长度尺寸（70 ±0.03）mm	T01	外圆车刀		800	0.2		
11	粗加工内轮廓至要求尺寸	T04	镗刀		800	0.3		
12	精加工内轮廓至要求尺寸	T04	镗刀		1 200	0.2		
13	粗加工外轮廓至要求尺寸	T01	外圆车刀		800	0.4		
14	粗加工外轮廓至要求尺寸	T01	外圆车刀		1 000	0.2		

三、工序(工步)卡片、编程、加工、检测

完成工序(工步)卡片的内容填写,编程加工后,将检测结果填入表3-6。

表3-6 测试件加工评分表

操作时间	4学时	组别		机床号			总分		
序号	考核项目	考核内容及要求	评分标准	配分	自检	自评	互检	互评
1	外圆尺寸	$\phi 58_{-0.02}^{0}$ mm		5				
		$\phi 70_{-0.02}^{0}$ mm	每超差 0.01 mm 扣 2 分,扣完为止	5				
		$R3$ mm	每超差 0.1 mm 扣 2 分	2				
		$R15$ mm	每超差 0.1 mm 扣 2 分	2				
		$S\phi 70$ mm	每超差 0.1 mm 扣 2 分,扣完为止	5				
2	内孔尺寸	$\phi 36_{0}^{+0.03}$ mm	超差不得分	5				
		$\phi 60_{0}^{+0.03}$ mm	超差不得分	5				
		$S\phi 60$ mm	每超差 0.1 mm 扣 2 分,扣完为止	5				
3	长度尺寸	5 mm	每超差 0.1 mm 扣 2 分	2				
		20 mm	每超差 0.1 mm 扣 2 分	2				
		(70 ± 0.03) mm	每超差 0.01 mm 扣 2 分,扣完为止	5				
4	螺纹尺寸	M42×2	超差不得分	10				
5	退刀槽	$\phi 45$ mm×4 mm	每超差 0.1 mm 扣 2 分	2				
6	其余尺寸	$C1$ mm	每超差 0.1 mm 扣 1 分,扣完为止	3				
		$C1.5$ mm	每超差 0.1 mm 扣 1 分,扣完为止	3				
		未注倒角2处	每超差 0.1 mm 扣 1 分,扣完为止	4				
7	表面粗糙度	$Ra1.6$ μm	每处1分	5				
8	垂直度	⊥ 0.02 A	不合格不得分	3				
9	圆跳动	↗ 0.02 A	不合格不得分	3				
10	同轴度	◎ ϕ0.02 A	不合格不得分	4				

表 3 - 6(续)

序号	考核项目	考核内容及要求	评分标准	配分	自检	自评	互检	互评
11	安全文明生产	(1)遵守机床安全操作规程。 (2)刀具、工具、量具放置规范。 (3)设备保养良好、场地整洁	每项不合格扣 1 分,扣完为止	5				
12	工艺合理	(1)工件定位、夹紧及刀具选择合理。 (2)加工顺序及刀具轨迹路线合理	每项不合格扣 1 分,扣完为止	5				
13	程序编制	(1)指令正确,程序完整。 (2)数值计算正确,程序编写表现出一定的技巧,简化计算和加工程序。 (3)刀具补偿功能运用正确、合理。 (4)切削参数、坐标系选择正确、合理	每项不合格扣 2 分,扣完为止	10				
14	发生重大事故(人身和设备安全事故)、严重违反工艺原则和存在情节严重的野蛮操作等,应取消其实操资格							
小组签字								

【知识拓展】SIEMENS 802D 系统螺纹循环指令

一、恒螺距螺纹切削(G33)

该指令可用于圆柱/圆锥螺纹、外螺纹/内螺纹、单螺纹/多头螺纹的加工。使用条件是主轴上必须有位移测量系统。G33 指令如图 3 - 20 所示。

该指令为模态代码。

右旋和左旋螺纹由主轴旋转方向确定(M3——右旋,M4——左旋)。

螺纹长度中要考虑导入空刀量和退出空刀量。

1.圆柱螺纹

格式:G33 Z　 K　 SF =　 。

说明:Z 为螺纹终点坐标指令;K 为螺距指令;SF 为螺纹起点偏移角度指令。

2.圆锥螺纹

格式:G33 X　 Z　 I　 SF =　 或 G33 X　 Z　 K　 SF =　 。

说明:X、Z 为螺纹终点坐标指令;当锥角大于 45°时,螺距用 I 表示,否则用 K 表示;SF 为螺纹起点偏移角度指令。

编程:

圆柱螺纹

G33 Z... K...

锥螺纹

G33 Z... X... K...　　锥角小于45°

(螺距为K,因为Z轴位移较大)

G33 Z... X... I...　　锥角大于45°

(螺距为I,因为X轴位移较大)

端面螺纹

G33 X... I...

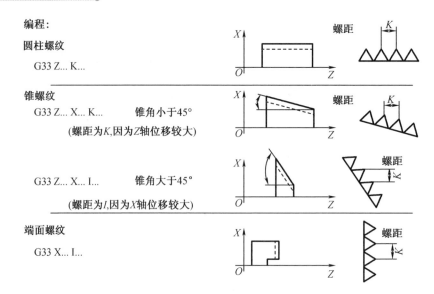

图 3 - 20　G33 指令

3.端面螺纹

格式:G33 X　I　SF ＝　。

说明:X 为螺纹终点坐标指令;I 为螺距指令;SF 为螺纹起点偏移角度指令。

例 3 - 3　加工圆柱双头右旋螺纹,螺纹长度 20 mm(包括导入空刀量和退出空刀量),螺距为 2 mm,ϕ30 mm 的圆柱已经预制,车第一刀螺纹编程如下:

```
T3 D1 S500 M3

G90 G00 X29 Z0

G33 Z -20 K2 SF =0

G00 X32

Z0

X29

G33 Z -20 K2 SF =180

G00 X32

Z50

M05 M30
```

二、螺纹退刀槽(CYCLE96)

格式:CYCLE96(DIATH,SPL ,FORM)。

说明:(1)该指令可加工出公制 ISO 螺纹的退刀槽。

各参数说明见表 3 - 7。

表 3 - 7　CYCLE96 参数表

参数	类型	说明
DIATH	real	螺纹的额定直径,通过定义 M2 ~ M68 可加工出退刀槽
SPL	real	纵轴加工的起始点,定义纵向轴的加工尺寸
FORM	real	形状定义,值:A(A 形),B(B 形),C(C 形),D(D 形)

(2)A 形和 B 形退刀槽用于外螺纹的加工,A 形退刀槽适用于一般的螺纹收尾,B 形退刀槽适用于较短的螺纹收尾。

C 形和 D 形退刀槽用于内螺纹的加工,C 形退刀槽适用于一般的螺纹收尾,D 形退刀槽适用于较短的螺纹收尾。

(3)循环调用前必须激活刀具补偿功能,循环将根据有效刀具的刀尖方向和螺纹直径自动找到起始点。

例 3 - 4　加工如图 3 - 21 所示的螺纹退刀槽,形状为 A。编程如下:

```
S500 M03 T2 D1 G95 F0.2
G90 G00 X50 Z115
CYCLE96(38,70 ,"A")
G00 X50 Z115
M05
M30
```

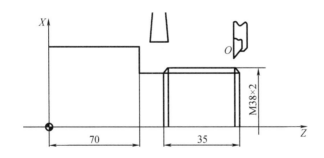

图 3 - 21　螺纹退刀槽和螺纹加工举例(单位:mm)

三、螺纹切削循环(CYCLE97)

格式:CYCLE97(PIT,MPIT,SPL,FPL,DM1,DM2,APP,ROP,TDEP,FAL,IANG,NSP,NRC,NID,VARI,NUMT)。

说明:用螺纹切削循环可以按纵向和横向加工具有恒螺距的螺纹,并且既能加工单头螺纹也能加工多头螺纹。多螺纹加工时,每个螺纹依次加工。左手或右手螺纹由主轴的旋转方向决定,该方向必须在循环调用前编程好。车螺纹时,进给和主轴修调都不起作用。

各参数说明见表 3 - 8。

表 3 – 8　CYCLE95 参数表

PIT	real	螺距(无符号输入)
MPIT	real	螺纹大径尺寸。范围值 3(M3) ~ 60(M60)
SPL	real	纵轴螺纹起始点
FPL	real	纵轴螺纹终止点
DM1	real	起始点的螺纹直径
DM2	real	终止点的螺纹直径
APP	real	空刀导入量(无符号输入)
ROP	real	空刀退出量(无符号输入)
TDEP	real	螺纹深度(无符号输入)
FAL	real	精加工余量(无符号输入)
IANG	real	切入角。范围值:" + "侧面进给," – "交互侧面进给
NSP	real	首圈螺纹的起始点偏移(无符号输入)
NRC	int	粗加工切削数量(无符号输入)
NID	int	空刀数量(无符号输入)
VARI	int	螺纹的加工类型。范围值:1 ~ 4。 1:外部恒定深度进给; 2:内部恒定深度进给; 3:外部恒定切削截面积进给; 4:内部恒定切削截面积进给
NUMT	int	螺纹条数(无符号输入)

例 3 – 5　使用螺纹切削循环加工如图 3 – 22 所示的螺纹。程序如下:

```
G95 G90 T3 D1 S500 M3                        确定工艺参数
G00 X50 Z115                                 编程的起始位置
CYCLE97(2,38,110,75,38,38,5,2,1.23,0.1,30,0,4,1,3,1)
G00 X100 Z150                                循环结束后位置
M05
M30                                          程序结束
```

四、SIEMENS 802D 系统的船用螺旋桨螺纹主轴的编程

SIEMENS 802D 系统的船用螺旋桨螺纹主轴的编程见表3－9。

表3－9 SIEMENS 802D 系统的船用螺旋桨螺纹主轴的编程

T1D1	CYY. SPF
G95 S500 M03 F0.3	G01 X42.7
G00 X100 Z30	Z0
G01 Z0	X44.7 Z－1
G01 X－1	Z－33
G01 Z10	X48
G00 X100 Z30	X50 Z－34
CYCLE95("CYY",3,1,0,0,0,0.2,0.2,0.1,9,0,0,0.5)	X71 Z－132
G00 X200 Z50	X80
T2D1	X82 Z－133
G95 S500 M30 F0.05	Z－143
G00 X100 Z30	X84
G01 X60 Z－32	X87 Z－144.5
G01 X40	Z－150
G04 F2	RET
G01 X70	
G00 Z100	
T3D1	
M03 S500	
G00 X60 Z30	
CYCLE97(3,44.7,5,－30,44.7,44.7,5,2,3.5,0,45,0,4.1,3,1)	
G00 X80	
G00 Z50	
M30	

注意：

（1）FANUC 0i 系统和 SIEMENS 802D 系统在船用螺旋桨螺纹主轴的编程上有所不同？你能找出几点不同？

（2）子程序结束指令为何用 M02 而不能用 M30？

项目四　船用离心泵盖凸模的
数控编程与加工

【任务引入】

一、任务描述

船用离心泵盖凸模的零件图如图4-1所示。本项目的主要任务是进行工艺分析、数控编程、仿真加工和实际加工。

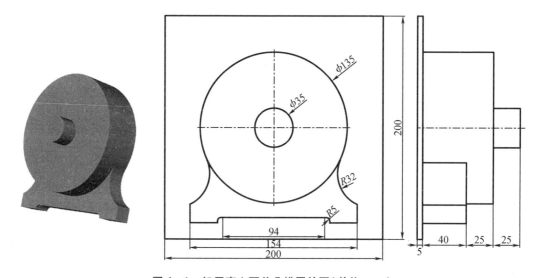

图4-1　船用离心泵盖凸模零件图(单位:mm)

二、任务分析

本项目的重点是制定轴类零件的加工工艺,设计走刀路线,选择合适的外圆车刀及切槽刀,合理地使用刀具位置补偿和半径补偿,编制主轴加工的数控程序。

【知识链接】

一、铣削编程基础

1. 数控铣床坐标系和工件坐标系

(1)数控铣床坐标系

①Z轴:平行于主轴轴线的坐标轴为Z轴。刀具远离工件的方向为正方向。

②X轴:

立式:从主轴向立柱方向看,向右为 $+X$ 方向,如图 4 - 2 所示。

卧式:沿主轴后端向工件方向看,向右为 $+X$ 方向,如图 4 - 3 所示。

③Y轴:根据笛卡儿坐标系的右手定则确定。

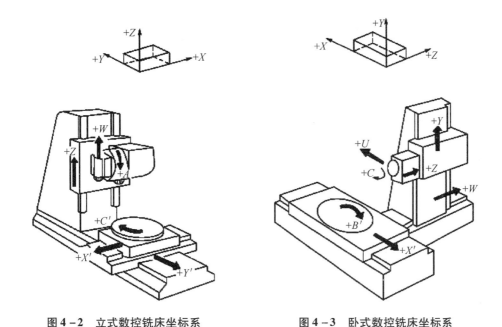

图 4 - 2　立式数控铣床坐标系　　　　图 4 - 3　卧式数控铣床坐标系

(2)工件坐标系的建立

确定工件坐标系时不必考虑零件毛坯在机床上的实际装夹位置,其建立以编程方便为原则。工件原点一般选择在零件的设计基准上或对称中心上。

2.走刀路线的确定

走刀路线的确定非常重要,因为它与零件的加工精度和表面质量密切相关。确定走刀路线的一般原则如下:

(1)保证被加工零件的精度和表面粗糙度的要求。例如,采用顺铣或逆铣会对表面粗糙度产生不同的影响。粗加工时,若零件表面有硬皮,为防止铣刀崩刃和打刀,应尽量选择逆铣。精加工时,为了提高零件的表面加工质量,减少刀具的磨损,应尽量采用顺铣。

(2)尽量使走刀路线最短,减少空刀时间。例如,有大量孔加工的点阵类零件,要尽量使各点的运动路线总和最短。但孔的位置精度要求高时,要采用同向进给,避免引入滚珠丝杠反向间隙误差。在开始接近工件加工时,为了缩短加工时间,通常在刀具 Z 轴方向快速运动到离零件表面 2 ~ 5 mm 处(称为参考高度),然后以工作进给速度开始钻孔。孔加工走刀路线如图 4 - 4 所示。

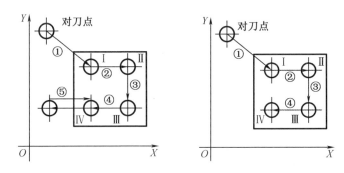

图 4 - 4　孔加工走刀路线

（3）在数控编程时，还要考虑切入点和切出点的程序处理。用立铣刀的端刃和侧刃铣削平面轮廓零件时，为了避免在轮廓的切入点和切出点留下刀痕，应沿轮廓外形的延长线切入和切出。切入点和切出点一般选在零件轮廓两几何元素的交点处。延长线可由相切的圆弧和直线组成，以保证加工出的零件轮廓形状平滑。在铣削平面轮廓零件时，还应避免在零件垂直表面的方向上进刀，因为这样会留下划痕，影响零件的表面粗糙度。圆弧加工走刀路线如图 4 - 5 所示。

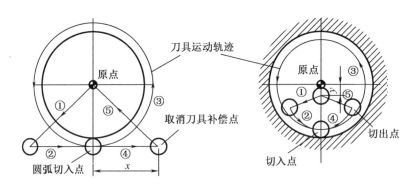

图 4 - 5　圆弧加工走刀路线

（4）方便数值计算，减少程序段数，减少编程工作量。

二、切削用量的选择

铣削时采用的切削用量，应在保证工件加工精度和刀具耐用度、不超过铣床允许的动力和扭矩前提下，获得最高的生产率和最低的成本。从刀具耐用度的角度考虑，切削用量选择的次序是：根据侧吃刀量 a_e 先选大的背吃刀量 a_p，再选大的进给速度 F，最后再选大的铣削速度 V_c（最后转换为主轴转速 S）。

对于高速铣床（主轴转速在 10 000 r/min 以上），为发挥其高速旋转的特性，减少主轴的重载磨损，其切削用量选择的次序应是：$V_c \rightarrow F \rightarrow a_p(a_e)$。

1. 侧吃刀量 a_e 和背吃刀量 a_p

侧吃刀量 a_e 和背吃刀量 a_p 如图 4 - 6 所示。吃刀量对刀具的耐用度影响最小，在确定背吃刀量和侧吃刀量时，要根据机床、夹具、刀具、工件的刚度和被加工零件的精度要求来决定。如果零件精度要求不高,在工艺系统刚度允许和机床动力范围内,尽量加大吃刀量,提高加工效率。如果零件精度要求高,应减小吃刀量,增加走刀次数。

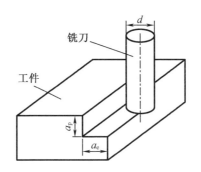

图 4-6　侧吃刀量 a_e 和背吃刀量 a_p

当零件表面粗糙度 Ra 为 12.5~25 μm 时,如果周铣的加工余量小于 5 mm,端铣的加工余量小于 6 mm 时,粗铣一次进给就可以达到要求。但在加工余量较大,工艺系统刚度和机床动力不足时,应分两次切削完成。

当零件表面粗糙度 Ra 为 3.2~12.5 μm 时,应分粗铣和半精铣进行切削。粗铣时吃刀量按上述要求确定,粗铣后留 0.5~1.0 mm 的加工余量,在半精铣时切除。

当零件表面粗糙度 Ra 为 0.8~3.2 μm 时,应分粗铣、半精铣和精铣三步进行。半精铣时的吃刀量取 1.5~2.0 mm;精铣时周铣侧吃刀量取 0.3~0.5 mm,端铣背吃刀量取 0.5~1.0 mm。

为提高切削效率,端铣刀应尽量选择较大的直径,切削宽度取刀具直径的 1/3~1/2,切削深度应大于冷硬层的厚度。

2. 进给速度 F

进给速度 F 表示单位时间内,零件与刀具沿进给方向的相对位移。系统默认单位为 mm/min。F 指令为模态代码。借助操作面板上的倍率按键可在一定范围内进行倍率修调。如 F80 表示刀具的工作进给速度是 80 mm/min。对于多齿刀具,其进给速度 F、刀具转速 n、刀具齿数 z 和每齿进给量 f_z 的关系为 $F = nzf_z$。

进给速度是影响刀具耐用度的主要因素,在确定进给速度时,要综合考虑零件的加工精度、表面粗糙度、刀具及工件的材料等因素,参考切削用量手册选取。粗加工时,主要考虑机床进给机构和刀具的强度、刚度等限制因素,根据被加工零件的材料、刀具尺寸和已确定的背吃刀量,选择进给速度。半精加工和精加工时,主要考虑被加工零件的精度、表面粗糙度、工件和刀具的材料性能等因素的影响。工件表面粗糙度越小,进给速度也越小;工件材料的硬度越高,进给速度越低。工件、刀具的刚度和强度低时,进给速度应选较小值。工件表面的加工余量大,切削进给速度应低一些;反之,工件表面的加工余量小,切削进给速度应高一些。常用铣刀每齿进给量见表 4-1。

表 4 - 1　铣刀每齿进给量

工件材料	铣刀每齿进给量 $f_z/(\mathrm{mm \cdot z^{-1}})$			
	粗铣		精铣	
	高速钢铣刀	硬质合金铣刀	高速钢铣刀	硬质合金铣刀
钢	0.10 ~ 0.15	0.10 ~ 0.52	0.02 ~ 0.05	0.10 ~ 0.15
铸铁	0.12 ~ 0.20	0.15 ~ 0.30		

3. 切削速度 V_c

切削速度 V_c 是刀具切削刃的圆周线速度,可用经验公式计算,也可根据已经选好的背吃刀量、进给速度及刀具的耐用度,在机床允许的切削速度范围内查取,或参考有关切削用量手册选用。切削速度应尽量避开积屑瘤产生的区域。断续切削时,为减小冲击和热应力,要适当降低切削速度。在易发生振动的情况下,切削速度应避开自激振动的临界速度。加工细长件和薄壁零件时,应选用较低的切削速度;加工带外皮的工件时,应适当降低切削速度。需要强调的是,切削用量的选择虽然可以查阅切削用量手册或参考有关资料确定,但是就某一个具体零件而言,通过这种方法确定的切削用量未必就非常理想,有时需要结合实际进行试切,才能确定比较理想的切削用量。因此,需要在实践当中不断进行总结和完善。常用工件材料的铣削速度参考值见表 4 - 2。

表 4 - 2　常用工件材料的铣削速度参考值

工件材料	硬度/HB	铣削速度 $V_c/(\mathrm{m \cdot min^{-1}})$		工件材料	硬度/HB	铣削速度 $V_c/(\mathrm{m \cdot min^{-1}})$	
		高速钢铣刀	硬质合金铣刀			高速钢铣刀	硬质合金铣刀
低、中碳钢	<220	21 ~ 40	80 ~ 150	工具钢	200 ~ 250	12 ~ 24	36 ~ 84
	225 ~ 290	15 ~ 36	60 ~ 114	灰铸铁	100 ~ 140	24 ~ 36	110 ~ 115
	300 ~ 425	9 ~ 20	40 ~ 75		150 ~ 225	15 ~ 21	60 ~ 110
高碳钢	<220	18 ~ 36	60 ~ 132		230 ~ 290	9 ~ 18	45 ~ 90
	225 ~ 325	14 ~ 24	53 ~ 105		300 ~ 320	5 ~ 10	21 ~ 30
	325 ~ 375	9 ~ 12	36 ~ 48	可锻铸铁	110 ~ 160	42 ~ 50	100 ~ 200
	375 ~ 425	6 ~ 10	36 ~ 45		160 ~ 200	24 ~ 36	83 ~ 120
合金钢	<220	15 ~ 36	55 ~ 120		200 ~ 240	15 ~ 24	72 ~ 110
	225 ~ 325	10 ~ 24	40 ~ 80		240 ~ 280	9 ~ 21	40 ~ 60
	325 ~ 425	6 ~ 9	30 ~ 60	铝镁合金	95 ~ 100	180 ~ 600	360 ~ 600

注:粗铣 V_c 应取小值;精铣 V_c 应取大值。采用机夹式或可转位硬质合金铣刀,V_c 可取较大值。经实际铣削后,如发现铣刀耐用度太低,则应适当减小 V_c。铣刀结构及几何角度改进后,V_c 可以超过表列值。

三、铣削常用准备功能指令应用

1. 绝对坐标/增量坐标编程指令（G90/G91）

格式：G90/G91。

说明：G90 指令绝对坐标编程，G91 指令增量坐标编程。系统默认为 G90 方式。

2. 工件坐标系建立指令（G54～G59）

格式：G54～G59。

说明：其指机床原点到工件原点的向量值。通过对刀建立工件坐标系。工件坐标系建立指令如图 4－7 所示。

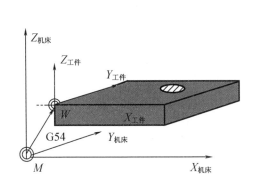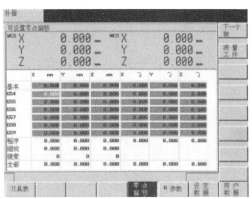

图 4－7 工件坐标系建立指令

3. 快速点定位指令（G00）

格式：G00 X　Y　Z。

说明：

（1）该指令表示刀具以点位控制方式从所在点以最快的速度移动到目标点。其中，X、Y、Z 为目标点坐标指令。

（2）刀具移动速度不需要指定，而是由生产厂家确定的，并可在机床说明书中查到。其移动速率可由操作面板上的"快速进给率"旋钮调整。

（3）刀具移动轨迹是先沿 45°角的直线移动，最后再在某一轴单向移动至目标点位置，如图 4－8 所示。编程人员应了解所使用的数控系统的刀具移动轨迹情况，以避免加工中可能出现的刀具干涉。

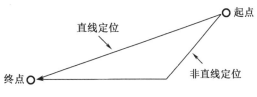

图 4－8 G00 快速定位

4. 直线插补指令（G01）

格式：G01 X　Y　Z　F。

说明：刀具以指定的进给速度 F 沿直线移动到指定的位置。

5. 圆弧插补指令（G02/G03）

格式：G02/G03 X　Y　Z　I　J　K　F 或 G02/G03 X　Y　Z　CR＝　F。

说明：

（1）G02 表示顺时针圆弧插补，G03 表示逆时针圆弧插补。

圆弧顺逆方向的判别：沿着不在圆弧平面内的坐标轴，由正方向向负方向看，顺时针方向为 G02，逆时针方向为 G03，如图 4-9 所示。

（2）I、J、K 的定义：是从起点向圆弧中心矢量在 X、Y 或 Z 的分向量。

（3）R 为圆弧半径，圆弧小于或等于 180°时，R 为正值；圆弧大于 180°时，R 为负值。

（4）如果圆弧是一个封闭整圆，只能使用圆心坐标编程。

6. 坐标平面选择指令（G17、G18、G19）

格式：G17、G18、G19。

坐标平面选择指令是用来选择圆弧插补平面和刀具补偿平面的。一般地，数控车床默认在 ZX 平面内加工，数控铣床默认在 XY 平面内加工。坐标平面选择如图 4-10 所示。

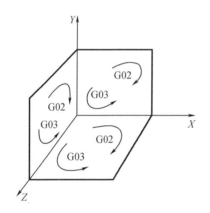

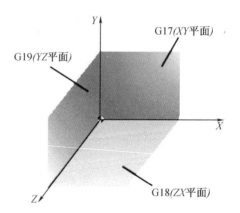

图 4-9　顺逆圆弧方向判别　　　　　　图 4-10　坐标平面选择

四、刀具半径补偿指令应用

1. 刀具半径补偿指令（G40/G41/G42）

格式：G40/G41/G42　G00/G01　X__Y__D__。

说明：

①G41 是左偏刀具半径补偿，简称左刀补，这时相当于顺铣，如图 4-11 所示。G42 是右偏刀具半径补偿，简称右刀补，这时相当于逆铣，如图 4-12 所示。从加工精度和表面粗糙度而言，顺铣效果较好，因此精加工 G41 使用较多。

②D 是刀补号地址，是系统中记录刀具半径的存储器地址，后面跟的数值是刀补号，用来调用内存中刀具半径补偿的数值。

③G40 是取消刀具半径补偿功能，所有平面取消刀具半径补偿的指令均为 G40。

④G40、G41、G42 都是模态代码，可以互相注销。

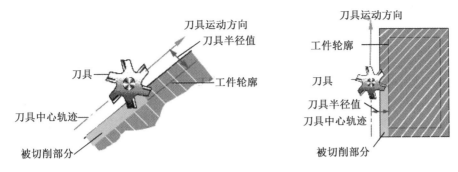

图 4-11 刀具半径左补偿定义

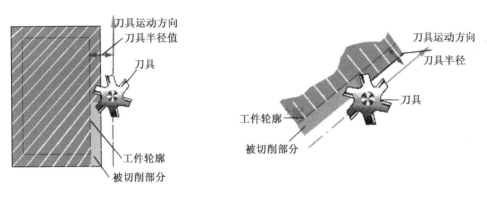

图 4-12 刀具半径右补偿定义

2.刀具半径补偿工作过程

(1)刀具半径补偿建立

图 4-13 为刀具半径补偿的工作过程。其中,实线表示编程轨迹;点划线表示刀具中心轨迹。刀具半径补偿建立时,一般是直线且为空行程,以防过切。

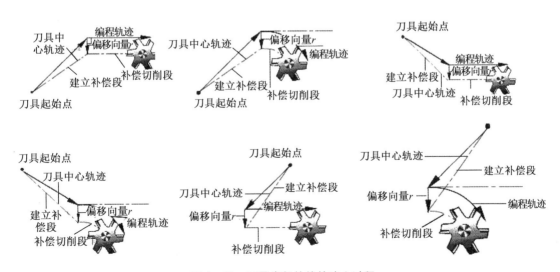

图 4-13 刀具半径补偿的建立过程

（2）刀具半径补偿撤销

刀具半径补偿结束用 G40 撤销，撤销时同样要防止过切，如图 4 – 14 所示。

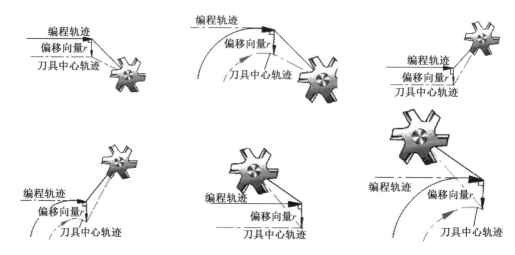

图 4 – 14　刀具半径补偿的取消过程

3. 刀具半径补偿应用

编程时不必考虑刀具大小：如图 4 – 15 所示，T1 和 T2 两把不同直径的刀具加工零件，刀具路径都是正确的，偏移工件的距离至少为该刀具的半径。

通过改变刀补补偿刀具磨损：应用刀具半径补偿指令加工时，刀具的中心始终与工件轮廓相距一个刀具半径距离。因磨损、重磨或换新刀而引起刀具直径改变后，不必修改程序，只需在刀具参数设置中输入变化后的刀具半径。

通过改变刀补完成粗、精加工：如图 4 – 16 所示，在采用同一把半径为 R 的刀具，并用同一个程序进行粗、精加工时，设精加工余量为 Δ，则粗加工时设置的刀具半径补偿量为 $R+\Delta$，精加工时设置的刀具半径补偿量为 R，就能在粗加工后留下精加工余量 Δ，然后，在精加工时完成切削。

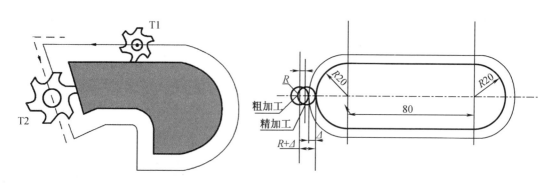

图 4 – 15　编程时不必考虑刀具大小　　　图 4 – 16　通过改变刀补完成粗精加工（单位：mm）

注意：二维轮廓加工，一般均采用刀具半径补偿。在刀具半径补偿有效之前，刀具应远离零件轮廓适当的距离，且应与选定好的切入点和进刀方式协调，保证刀具半径补偿的有效。

【任务实施】

一、船用离心泵盖凸模的工艺分析

此零件尺寸标注正确、轮廓描述完整。125 mm、35 mm 凸台圆加工时需要注意使用刀具半径补偿。

1. 确定加工工艺路线

以零件上表面中心作为工件坐标系原点。加工起点和换刀点设为同一点,其位置的确定原则为方便拆卸工件,不发生碰撞,空行程较短等。故加工起点和换刀点设在 X100 Z50 位置。加工工艺路线为:粗铣整个零件→精铣125 mm 圆→精铣35 mm 圆。

2. 选择切削用量

立铣刀 T01,直径 20 mm;立铣刀 T02,直径 16 mm。上述刀具材料为硬质合金,切削用量见表4-3。

表4-3　数控加工工序(工步)卡片

数控加工工序(工步)卡片		零件图号	零件名称		材料	使用设备	
		CDZ-001	传动轴		45#	数控车床	
工步号	工步内容	刀具号	刀具名称	刀具规格	主轴转速 /(r·min⁻¹)	进给量 /(mm·min⁻¹)	备注
1	粗铣整个零件	T01	立铣刀	20	1 500	150	精加工余量 0.5 mm
2	精铣125 mm 圆	T02	立铣刀	16	2 000	100	
3	精铣35 mm 圆	T02	立铣刀	16	2 000	100	

二、船用离心泵盖凸模的数控编程

船用离心泵盖凸模的数控编程见表4-4。

表4-4　船用离心泵盖凸模的数控编程

T01 S2000 M03	T01 S2000 M03
F100	F100
G00 X-70y-80	G00 X-20y-50
G0z-2	G0z-2
G41G1X-62.5Y-70	G41G1X17.5Y-30
Y0	Y0
G02X-62.5Y0I62.5J0	G02X-17.5Y0I17.5J0
G1Y50	G1Y50
G40Y70	G40Y70
G0Z150	G0Z150
M30	M30

三、船用离心泵盖凸模的自动编程

（1）点击"草图"按钮,在弹出的创建草图界面的平面方法中选择"现有平面"。接着鼠标左键点击基准坐标中的 XY 平面,之后点击"确定"按钮,创建草图界面如图 4 – 17、图 4 – 18 所示。

图 4 – 17　创建草图　　　　**图 4 – 18　创建草图效果图**

（2）在创建的草图中,点击上方工具栏中的"圆"指令,如图 4 – 19 所示。

图 4 – 19　命令菜单栏(六)

（3）单击坐标系原点(0,0)画一个直径为 135 的圆,在圆的下面画一个距离圆心 80 mm 的线段,位置居中,在线段右侧画一个圆心在线段端点正下方,半径大小为 5 mm 的圆弧,如图 4 – 20、图 4 – 21 所示,链接曲线如图 4 – 22 所示。

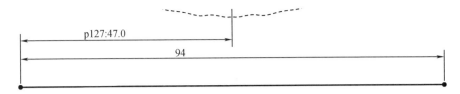

图 4 - 20　线段显示图(单位:mm)

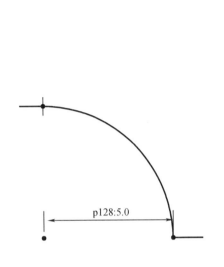

图 4 - 21　圆弧显示图(单位:mm)

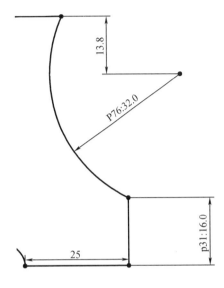

图 4 - 22　圆弧约束效果图(单位:mm)

(4)点击完成草图,如图 4 - 23 所示。在应用模块中点击"加工"按钮,如图 4 - 24 所示。

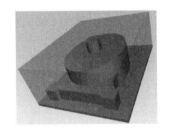

图 4 - 23　完成草图

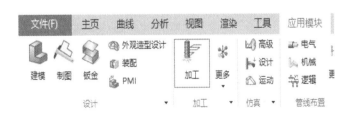

图 4 - 24　加工菜单栏

(5)点击创建几何体,选择 MCS_MILL,点击"确定"按钮,如图 4 - 25 所示。

(6)在指定 MCS 中,选择毛坯上表面,点击"确定"按钮,如图 4 - 26 所示。点击工序导航器,右键几何视图,就可以查看刚刚建立的坐标系,如图 4 - 27、图 4 - 28 所示。

(7)再次点击创建几何体,几何体子类型选择第二项 WORKPIECE,在"位置"|"几何体"中选择 MCS,点击"确定"按钮,如图 4 - 29 所示。在弹出来的工件界面,点击"指定部件"按钮,选择除毛坯以外的部分,点击"确定"按钮,如图 4 - 30、图 4 - 31 所示。

图 4-25　创建几何体

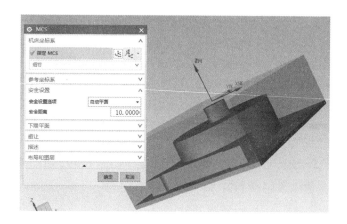

图 4-26　指定 MCS

图 4-27　工序导航器

图 4-28　查看创建的坐标系

图 4-29　设置几何体

图 4－30　指定部件

图 4－31　选择几何体对象

（8）再点击"工件"对话框中的指定"毛坯"按钮,选中外侧的毛坯,点击"确定"按钮。如图 4－32,点击"工件"对话框中的"确定"按钮,完成加工部件的创建。

（9）刀具的创建。

点击工序导航器,右键选择机床视图,点击主页下面的创建刀具按钮,把名称改为 D32,点击"确定"按钮,将直径设置为 32,点击"确定"按钮,如图 4－33 所示,在创建一个名字为 D9,直径为 9 的铣刀,点击"确定"按钮,如图 4－34 所示。刀具设置完成。

图 4－32　完成毛坯几何体的创建

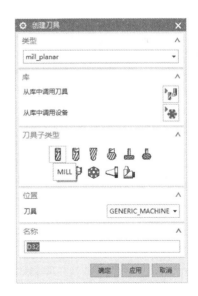

图 4－33　创建刀具

（10）工序的创建。

点击鼠标左键,点击工序导航器——几何中的 WORKPIECE,再点击主页下面的创建工序,在弹出的对话框中点击类型,选择 mill_contour,如图 4－35 所示。工序子类型选择型腔铣,在位置栏中,刀具选择 D32,几何体选择 WORKPIECE,点击"确定"按钮,如图 4－36、图 4－37 所示。

图 4 - 34　设置刀具参数

图 4 - 35　选择加工方式

图 4 - 36　选择加工类型

图 4 - 37　选择刀具、几何体

（11）在弹出的对话框中点击在刀轨设置中把 |切削模式| 设为"跟随周边"，如图 4 - 38 所示。再点击对话框下方的"生成"按钮，生成刀路，在点击"生成"按钮右侧的"确认"按钮，如图 4 - 39 所示。

（12）在弹出的刀路可视化的对话框中点击"3D 动态"，点击下方播放按钮查看模拟动画，如图 4 - 40 所示，完成此道工序的创建，如图 4 - 41 所示。

（13）未加工区域的处理

点击刚刚创建完成的工序，右键复制，再右键点击粘贴，双击，打开刚刚复制的程序，在弹出的对话框中，点击"指定切削区域"选中图中所示区域，如图 4 - 42 至图 4 - 44 所示。

图 4-38 选择刀路

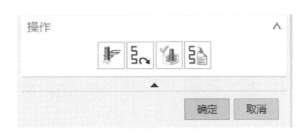

图 4-39 生成轨迹

图 4-40 模拟设置

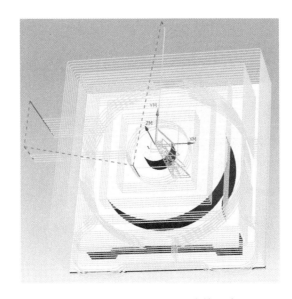

图 4-41 完成工序一生成的刀路

图 4-42 选择工序

图 4-43 选择复制的程序

点击工具栏,把刀具换成 D9,再在刀轨设置中把|切削模式|设为"轮廓"。点击"切削

参数"点击"策略"。策略栏中的顺序改为"深度优先",最后点击"生成"按钮,生成刀路。再点击"生成"按钮右侧的"确认"按钮,切削掉因为上一把刀的半径过大而未加工到的部分。如图4-45至图4-47所示,刀具的全部轨迹如图4-48所示。

图4-44 指定切削区域   图4-45 设置参数   图4-46 设置切削参数

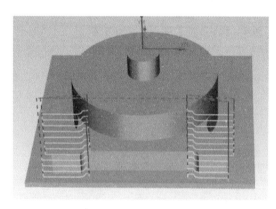

图4-47 工序二的刀路

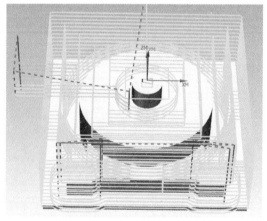

图4-48 全部的刀路轨迹

(14)程序的导出。

选中WORKPIECE,点击工序栏中"后处理"按钮,在弹出的对话框中选择802D铣床,如图4-49、图4-50所示。导出程序如图4-51至图4-53所示。

图 4 - 49　选择工序

图 4 - 50　后处理菜单

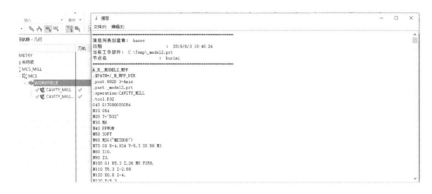

图 4 - 51　生成程序

图 4 - 52　导出加工程序（一）

图 4 - 53　导出加工程序（二）

四、铣削仿真加工

1. 系统面板介绍

（1）系统面板如图 4 - 54 所示。

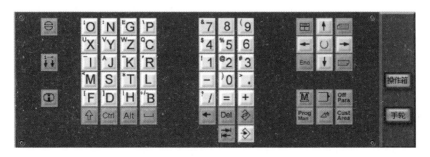

图 4 - 54　SIEMENS 802D 系统面板

（2）各按键解释

各按键解释见表4－5。

表4－5　系统面板各按键解释

按键	定义	解释
A～Z,0～9	字母数字键	用于输入程序和参数等数据信息
M	机床位置	CRT屏幕上显示坐标位置
Prog Man	程序管理	程序显示与编辑
Off Para	参数输入	显示或输入刀具偏置量和磨耗值
⬆	上档键	切换一个键上的两个字母或数字的输入
←	退格键	取消输入区中的数据
⚠	系统报警	显示报警和用户提示信息
Cust Area	图表空间	显示或输入设定,选择图形模拟方式
Del	删除键	删除光标所在的数据或删除程序
📄📄	翻页键	用于向上或向下翻页
↑ ↓ ← →	光标移动键	用于向上、向下、向左、向右移动光标
◈	回车换行键	结束一行程序的输入并换行

2. 机床面板介绍

（1）手轮和机床面板

手轮和机床面板如图4－55所示。

图4－55　手轮和机床面板

（2）各按键解释

各按钮解释见表4－6。

表4-6　机床面板各按钮解释

按键	定义	解释
	急停	在任何情况下,按一下"急停"按钮,机床和CNC装置随即处于紧急停止状态
	主轴倍率	对主轴的转速在0~120%调节
	进给倍率	对坐标轴的进给速率在0~120%调节
	回原点	使机床回到X轴、Y轴与Z轴的机械原点,到达机械原点的同时,CRT显示器上各轴回原点指示灯变亮
	手动	控制刀具沿X轴或Z轴运动
	点动距离	各坐标轴的微量进给
	自动加工	在此状态下可进行自动加工、空运行、DNC等操作
	单段	每按一下"循环启动"按钮,机床执行一条语句的动作
	MDA	可进行程序段的编辑和运行操作,以满足工作需要。如设定主轴转速、换刀等
	主轴正转、主轴停止、主轴反转	用于控制主轴正转、反转和停止
	进给方向快速按钮	用于控制刀具沿各坐标轴的运动
	复位	用于报警的解除,程序复位等
	循环保持循环启动	(1)在"自动"模式下,按下"循环启动"按钮,机床可自动运行程序; (2)在自动运行程序时,按下"循环保持"按钮,机床随即处于暂停状态; (3)欲在暂停状态时重新启动机床运行程序,只需再按一下"循环启动"按钮即可

3.加工前的准备

(1)选择机床

按"选择机床"键(🖳)→控制系统:SIEMENS 802D→机床类型:铣床(标准)。

(2)不显示机床罩子

单击"视图"→"选项"→去掉"显示机床罩子"前的对号。

将"仿真加速倍率"设为大于50。

（3）机床回零

按"急停"按钮至松开状态。→确认在"回原点"状态→按"+Z""+X""+Y"，屏幕显

示 。

（4）安装工件

①定义毛坯，相当于实际加工中的下料。

按"定义毛坯"键(▱)→ ▱ →按"确定"键。

②安装夹具，单击"夹具"(▱)→"安装夹具"→夹具选平口钳，并将零件移到钳口最上端。

③放置零件，相当于实际加工中的安装工件。

按"放置零件"(▱)→选择上述定义的毛坯→选择"安装零件"→按"退出"键。

4. 对刀

（1）选择基准工具

按"机床"键→"基准工具"，注意基准工具的直径为 14 mm。

（2）X 轴对刀

利用放大视图、主视图和将基准工具移动到工件的左侧，加 1 mm 塞尺，用"手轮"方式将基准工具靠近工件，直到提示"塞尺检查的结果：合适"，按"测量工件"软键(▱)，再按"选择"按钮(▱)，将"Base"改为"G54"，在"设置位置 X0"处输入 12，按"计算"软键，结果如图 4 –56 所示。

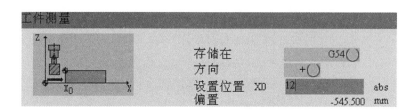

图 4 –56 X 轴对刀界面

（3）Y 轴对刀

同理，选择屏幕右侧的 ▱ ，将基准工具移动到工件的前侧，加 1 mm 塞尺，用"手轮"方式将基准工具靠近工件，直到提示"塞尺检查的结果：合适"，按"测量工件"软键(▱)，在"设置位置 Y0"处输入 13，按"计算"软键，结果如图 4 –57 所示。

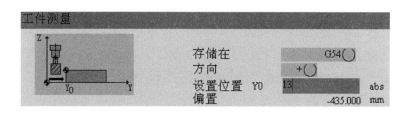

图 4 –57 Y 轴对刀界面

收回塞尺,主轴上移,拆除基准工具。

(4)Z 轴对刀

选择刀具,根据要求选择 φ12 mm 平底刀。将刀具移到工件上方,接近工件,加 1 mm 塞尺,用"手轮"方式将刀具靠近工件,直到提示"塞尺检查的结果:合适",按"测量工件"软键(测量工件),选择屏幕右侧的 Z ,在"设置位置 Z0"处输入 1,按"计算"软键,结果如图4 – 58 所示。

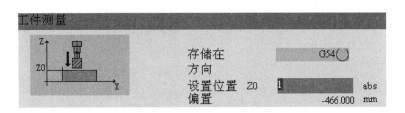

图 4 – 58　Z 轴对刀界面

(5)输入半径补偿值

按 Off Para 键→按 新刀具 键→按 铣刀 键→输入刀具号"1"→按"确认"键→输入半径补偿值"6"。

5.输入程序

(1)手动输入程序

按 Prog Man 键,进入程序管理界面,按"新程序"软键,输入新程序名,按"确认"键,输入程序。

(2)导入数控程序

先利用记事本或写字板方式编辑好程序并保存为文本格式文件,文本文件的头两行必须是如下的内容:

% _N_复制进数控系统之后的文件名_MPF

;MYMPATH = /_N_MPF_DIR

打开键盘,按 Prog Man 键进入程序管理界面。按 读入 键。

在菜单栏中选择"机床/DNC 传送",选择事先编好的程序,此程序将被自动复制进数控系统。

6.自动加工与尺寸测量

(1)单段加工

按 Prog Man 键→选择要执行的程序→按 执行 键→按 → 键→按 键,保证从程序头开始执行→按 键→按 键。用于首件加工检查程序错误。

(2)自动加工

按 Prog Man 键→选择要执行的程序→按 执行 键→按 → 键→按 键,保证从程序头开始执行→按 键,执行程序。

(3)尺寸测量

逐个尺寸检查。

五、铣削数控加工

1. 加工前的准备：机床开机，回参考点

（1）将机床电气柜的空气开关调至"ON"位置，接通机床的电源。这时电气柜的门必须紧闭关好，空气开关才能打开。

（2）旋开操作面板上的"急停"按钮，接通数控系统的电源，显示器亮，系统初始化，系统启动以后进入"加工"操作区 JOG 运行方式，出现"回参考点"窗口。

（3）选择"回参考点"方式，建议先按"+Z"键使 Z 轴回参考点，可避免刀具与工作台上的工装夹具干涉，较为安全。Z 轴回参考点后再按"+X"和"+Y"键，使 X 轴和 Y 轴回参考点。每个轴到达参考点后，对应轴的回参考点指示灯亮。机床回参考点界面如图 4-59 所示。

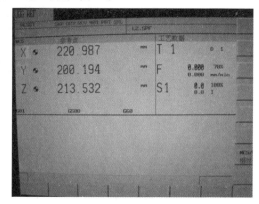

图 4-59 机床回参考点界面

2. 程序的输入、检查与修改

"编辑"方式常用于程序的输入、输出、编辑等操作。

（1）按"Prog Man"键，其左上角的指示灯亮。进入程序管理界面。

（2）按"新程序"功能软键，按提示输入新程序名，点击"确认"软键，进入程序录入画面，即可输入程序内容。

（3）程序输入完毕要逐字检查是否有输入错误，并利用模拟功能和空运行功能检查程序与刀具轨迹的正确性。

3. 对刀确定工件坐标系

（1）光电寻边器介绍

光电寻边器不仅可以测量平行于 X 轴或 Y 轴的工件基准边，还可以测量圆形零件的圆心。对刀时寻边器不能旋转，可快速对零件边缘定位，对刀精度可达 0.005 mm。其应用范围包括零件侧面、外圆和内孔的对刀。光电寻边器外形及结构如图 4-60 所示。

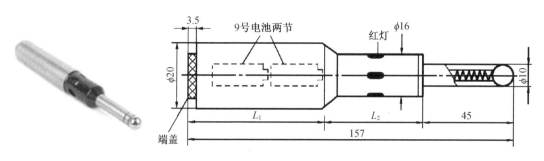

图 4-60 光电寻边器（单位：mm）

（2）X 轴对刀

用精密直柄夹头夹持光电寻边器（直径为 10 mm）安装到主轴上，使用手轮将寻边器移动到零件的左侧，离开零件一段距离然后下降，测量头下降到低于零件上表面 5 mm，+X 方向靠近零件，目测寻边器和零件左侧面的距离，并逐渐改变手轮的挡位，直到寻边器的指示灯亮，表明寻边器已与零件接触，如图 4-61（a）所示。此时工件坐标系原点到 X 方向基准边的距离为"-95.246"。

按"测量工件"软键，进入工件测量界面，控制系统转换到"加工"操作区，出现对话框用于测量零点偏置。所对应的坐标轴以背景为黑色的软键显示，如图 4-61（b）所示。"存储在"选择 G54，"半径"选 +5.0（寻边器的半径值），若工件坐标系的原点位于零件的中心，工件长度为 100 mm，则"距离"选工件长度的一半即"50"，按"计算"软键，就能得到工件坐标系原点的 X 分量在机床坐标系中的坐标值，此数据将被自动记录到参数表中。

(a)寻边器与零件接触

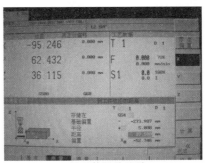

(b)工件测量界面

图 4-61　X 轴对刀时寻边器位置及坐标系设置

（3）Y 轴对刀

Y 方向工件坐标值的设定采用同样的方法，如图 4-62 所示。

(a)寻边器与零件接触

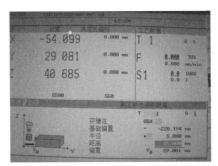

(b)工件测量界面

图 4-62　Y 轴对刀时寻边器位置及坐标系设置

（4）Z 轴对刀

Z 轴设定仪是设定刀具长度的精密测量工具，高度为（50±0.005）mm，可进行 Z 轴对刀操作。其外形如图 4-63 所示。

将光电寻边器从主轴上卸下,安装 $\phi12$ mm 立铣刀。将 Z 轴设定仪放在零件的上表面。

使用手轮将刀具移动到 Z 轴设定仪的上方,目测刀具到 Z 轴设定仪的距离,并逐渐改变手轮的挡位,直到刀尖接触 Z 轴设定仪,并使其表针对准"0"刻度线。

按"测量工件"和"Z"软键,"存储在"选择 G54,"距离"输入 Z 轴设定仪的高度 50,按"计算"软键,得到工件坐标系原点的 Z 分量在机床坐标系中的坐标值,此数据将被自动记录到参数表中,如图 4–64 所示。

图 4–63 Z 轴设定仪

(a)Z轴设定仪的使用

(b)坐标系设置

图 4–64 Z 轴设定仪的使用及坐标系设置

打开刀具补偿参数窗口,显示所使用的刀具清单。可以通过光标键和"上一页"、"下一页"键选出所要求的刀具。在此菜单中输入刀具半径补偿设定值。粗加工时,刀具半径补偿值为刀具半径与精加工余量之和,精加工时,刀具半径补偿值为刀具半径值,通过"新刀具"功能可建立一个新刀具的刀具补偿,最多可以建立 32 个刀具。

每加工完毕一个工序,换刀后,都要进行 Z 轴对刀,并把每把刀具补偿值输入到对应的刀具偏置地址中。

4. 空运行和试切削

(1)空运行

先将坐标系中 Z 值的偏置值加 30,目的是在运行程序时,使刀具和工件不接触,空运行,以进一步检验程序的正确性。

降低"快速倍率开关"和"进给倍率开关",按"自动方式"键选择自动运行方式。屏幕上显示"自动方式"状态图,显示位置、主轴值、刀具值以及当前的程序段。按"循环启动"键,运行程序。

(2)试切削

当程序确认无误后,将坐标系中 Z 值的偏置值改为原值,开始实际的试切削。试切削时一般以每把刀具为一个单位进行,目的是进一步校验程序,查看刀具的切削参数是否合适。直到首件试切合格为止。注意,刀具在切削零件时,一定要关闭"试运行"开关。

【实训加工】

一、船用离心泵盖凸模的数控加工

(1)实训目的与要求:

①进一步熟悉掌握数控铣床的基本操作,特别是工件坐标系的设定操作。

②理解快速定位、直线插补、圆弧插补的概念及走刀轨迹。

③掌握 G00、G01、G02、G03 等常用准备功能指令的编程格式。

④学习铣削轮廓加工编程中刀具半径补偿功能的使用。

(2)仪器与设备:

①SIEMENS 系统立式数控铣床若干台。

②45#钢,毛坯一块(长×宽×高):99 mm×50 mm×22 mm。

③工量具准备:

a. 量具准备清单:

游标卡尺　　　0~150 mm/0.02 mm

钢直尺　　　　0~200 mm

百分表　　　　0~10 mm/0.01 mm

b. 工具准备清单:

木锤

扳手

水平仪

c. 刀具准备清单:

ϕ12 mm 立铣刀

(3)输入零件程序,进行程序校验及加工轨迹仿真,修改程序。

(4)进行对刀操作,自动加工。

二、船用离心泵盖凸模的质检

1. 检测工件

使用所提供的量具对传动轴进行测量,填写表4-7。

(1)使用游标卡尺的注意事项

①游标卡尺是比较精密的测量工具,要轻拿轻放,不得碰撞或跌落地下。使用时不要用来测量粗糙的物体,以免损坏量爪,使用完毕应及时放入卡尺盒中。

②测量时,应先拧松紧固螺钉,移动游标不能用力过猛。两量爪与待测物的接触不宜过紧。不能使被夹紧的物体在量爪内挪动。

③读数时,视线应与尺面垂直。如需固定读数,可用紧固螺钉将游标固定在尺身上,防止滑动。

④实际测量时,对同一长度应多测几次,取其平均值来消除偶然误差。

（2）使用外径千分尺的注意事项

①使用外径千分尺时要先检查其零位是否校准。

②轻拿轻放,旋钮和测力装置在转动时都不能过分用力。

③测量工件时使用后面的旋钮,手不要拿着金属部分测量。

2. 填写加工评分表

加工评分表见表4－7。

表4－7 船用离心泵盖凸模加工评分表

操作时间	4学时		组别		机床号		总分	
序号	考核项目	考核内容及要求		评分标准	配分	自检	自评	互检	互评

序号	考核项目	考核内容及要求	评分标准	配分	自检	自评	互检	互评
1	外圆尺寸	ϕ125 mm	每超差 0.1 mm 扣 2 分,扣完为止	5				
		ϕ35 mm	每超差 0.1 mm 扣 2 分,扣完为止	5				
		ϕ28 mm	每超差 0.1 mm 扣 2 分,扣完为止	5				
2	高度尺寸	25 mm	每超差 0.1 mm 扣 2 分,扣完为止	5				
		25 mm	每超差 0.1 mm 扣 2 分,扣完为止	5				
3	倒角尺寸	C0.5 mm	超差无分	5				
4	其余尺寸	Ra1.6 μm	酌情扣 1~8 分	8				
		Ra3.2 μm	酌情扣 1~4 分	4				
5	安全文明生产	(1)遵守机床安全操作规程。(2)刀具、工具、量具放置规范。(3)设备保养良好、场地整洁	每项不合格扣 1 分,扣完为止	5				
6	工艺合理	(1)工件定位、夹紧及刀具选择合理。(2)加工顺序及刀具轨迹路线合理	每项不合格扣 1 分,扣完为止	5				
7	程序编制	(1)指令正确,程序完整。(2)数值计算正确,程序编写表现出一定的技巧,简化计算和加工程序。(3)切削参数、坐标系选择正确、合理	每项不合格扣 1 分,扣完为止	5				
8	发生重大事故(人身和设备安全事故)、严重违反工艺原则和存在情节严重的野蛮操作等,应取消其实操资格							
小组签字								

三、实训总结

（1）根据零件图中的尺寸标注，正确选择工件坐标系。

（2）数控机床适合加工形状复杂的零件，不受人为因素的影响，一般不需要特殊的工装设备，加工效率高。

（3）刀具要根据具体零件的加工部位和刀具本身的加工特性而选择。

（4）切削用量的选择要以查表计算为依据，并考虑机床本身的刚性来确定。

（5）数控系统一般具有刀具半径补偿功能，根据工件轮廓尺寸编制的加工程序以及预先存放在数控系统内存中的刀具中心偏移量，系统自动计算刀具中心轨迹，并控制刀具进行加工，利用刀具半径补偿功能可使用同一程序而对零件实现粗、精加工。

【项目测试】

一、项目导入

加工学生实训单中的盖板零件，材料为硬铝，尺寸为 50 mm×50 mm×20 mm 的板料。

学生实训单

项目名称	盖板的数控加工		
所需时间	4 学时	所用设备	CAK6140 数控车床
项目描述 （单位：mm）			
项目要求	1. 技能要求 （1）合理地选择加工刀具； （2）合理地安排加工工艺，选择合适的加工参数，填写数控加工工序（工步）卡片； （3）正确编制数控加工程序，并录入数控机床进行校核； （4）操作机床在规定时间内完成零件加工，并进行尺寸检验。 2. 职业素质要求 （1）勤于思考，积极探索，团结协作； （2）具备较高的职业素养与职业意识		

二、零件分析

该零件材料为硬铝,切削性能较好,加工部位轮廓由直线、4 段 $\phi45$ mm 的圆弧和 4 个 $R6$ mm 的半圆组成,深度为 5 mm。所有加工尺寸没有标注公差等级,说明加工精度一般,由一次铣削加工就能保证。

(1)确定装夹方案。

以加工过的底面和侧面作为定位基准,在平口虎钳上装夹工件,夹紧前后两侧面,打表找正并夹紧。

(2)确定加工方案。

为了使编程基准与设计基准一致,以零件上表面的中心作为坐标原点建立工件坐标系。加工前把刀具(主轴)移到工件左下方,距离工件上表面 50 mm 处,由于该槽深度只有 5 mm,所以可以一次下刀完成加工,零件的尺寸精度通过改变 D01 的补偿值来完成。

(3)选择刀具与切削用量。

由于要垂直下刀,所以选用 $\phi12$ mm 的立铣刀,刀具材料为高速钢。采用切削用量主要考虑加工精度要求并兼顾提高刀具耐用度、机床寿命等因素。计算

$$n = 1\ 000v/(\pi D) = 1\ 000 \times 180 \times 0.7/(3.14 \times 12) = 3\ 344 \text{ r/min}$$

考虑实际机床刚性,乘以修正系数 0.2 后取主轴转速为 650 r/min。

$$F = f \times z(\text{mm/r}) \text{ 或 } F = n \times f \times z(\text{mm/min}) = 650 \times 0.08 \times 3 = 150 \text{ mm/min}$$

(4)编程加工后,将检测结果填入表 4 - 8。

表 4 - 8　测试件加工评分表

操作时间	4 学时	组别		机床号		总分				
序号	项目	考核内容		评分标准		配分	自检	自评	互检	互评
1	轮廓	4 个 $\phi45$ mm		每个超差 0.1 mm 扣 2 分,扣完为止		20				
	凹槽	4 个 $R6$ mm		每个超差 0.1 mm 扣 2 分,扣完为止		20				
	凹槽位置	4 个 7.5 mm		每个超差 0.1 mm 扣 2 分,扣完为止		20				
	高度	5		每超差 0.1 mm 扣 2 分,扣完为止		5				
2	编制程序	正确建立工件坐标系				2				
		程序代码正确				5				
		刀具轨迹显示正确				3				

表4-8（续）

序号	项目	考核内容	评分标准	配分	自检	自评	互检	互评
3	操作数控铣床	开机及系统复位		1				
		装夹工件		3				
		输入及修改程序		3				
		正确设定对刀点		2				
		建立刀补		3				
		自动运行		1				
		正确使用倍率开关		2				
4	设备，工、量、刃具的正确使用和维护保养	执行操作规程		1				
		正确使用工、量、刀具		5				
5	安全文明生产	安全生产		2				
		文明生产		2				
合计				100				

评分标准：尺寸公差范围±0.1 mm，每超差0.1 mm扣10分，相应尺寸酌情扣分；表面粗糙度增值该项不得分，刀具轨迹显示不正确及对刀点、刀补设定不正确时，视为不合格。

小组签字	

【知识拓展】G92指令及铣削加工中应注意的问题

一、用G92指令设定工件坐标系

格式：G92 X Y Z。

说明：

（1）在使用绝对坐标指令编程时，预先要确定工件坐标系。

（2）通过G92可以确定当前工件坐标系原点，该坐标系在机床重开机时消失。

注意：比较G92与G54～G59指令之间的差别和不同的使用方法。

G92指令需后续坐标值指定当前工件坐标值，因此需单独一个程序段指定，该程序段中尽管有位置指令值，但并不产生运动。另外，在使用G92指令前，必须保证刀具处于程序原点。执行G92指令后，也就确定了刀具刀位点的初始位置与工件坐标系坐标原点的相对距离，并在CRT上显示出刀具刀位点在工件坐标系中的当前位置。

使用G54～G59建立工件坐标系时，该指令可单独指定，也可与其他程序同段指定，如果该段程序中有位置指令就会产生运动。使用该指令前，先用MDI方式输入该坐标系的坐标原点，在程序中使用对应的G54～G59之一，就可建立该坐标系，并可使用定位指令自动定位到加工初始点。

如图4-65所示，指令为G92 X40 Y50 Z25。

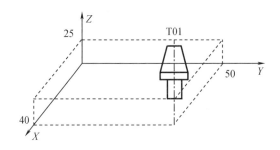

图 4-65 G92 设定工件坐标系

二、数控铣削编程时应注意的问题

1. 铣刀的刀位点

其是指在加工程序编制中,用以表示铣刀特征的点,也是对刀和加工的基准点。对于不同类型的铣刀,其刀位点的确定也不相同。盘铣刀的刀位点为刀具对称中心平面与其圆柱面上切削刃的交点;立铣刀的刀位点为刀具底平面与刀具轴线的交点;球头铣刀的刀位点为球心。因此,在编程之前,必须选择好铣刀的种类,并确定其刀位点,最终确定对刀点。

2. 安全高度

对于铣削加工,起刀点和退刀点必须离开加工零件上表面一个安全高度,保证刀具在停止状态时,不与加工零件和夹具发生碰撞。在安全高度位置时刀具中心(或刀尖)所在的平面也称为安全面。

3. 进刀/退刀方式

对于铣削加工,刀具切入工件的方式不仅影响加工质量,同时关系到加工的安全。对于二维轮廓加工,一般要求从侧向进刀或沿切线方向进刀,尽量避免垂直进刀。退刀时也应从侧向或切向退刀。刀具从安全面高度下降到切削高度时,应离开工件毛坯边缘一个距离,不能直接贴着加工零件理论轮廓直接下刀,以免发生危险。下刀运动过程不要用快速(G00)运动,而要用直线插补(G01)运动。对于型腔的粗铣加工,一般应先钻一个工艺孔至型腔底面(留一定精加工余量),并扩孔,以便所使用的立铣刀能从工艺孔进刀进行型腔粗加工。型腔粗加工方式一般为从中心向四周扩槽。

4. 零件尺寸公差对编程的影响

在实际加工中,零件各处尺寸的公差带不同,若用同一把铣刀,按基本尺寸编程加工,很难保证各处尺寸在其公差范围之内,对此,可将零件图中所有非对称公差带的标注尺寸均改为中值尺寸,并以此为依据编程,就可以保证零件加工后的尺寸精度要求。

项目五　船用离心泵盖凹模的
数控编程与加工

【任务引入】

一、任务描述

船用离心泵盖凹模的零件图如图5-1所示。本项目的主要任务是进行工艺分析、数控编程、仿真加工和实际加工。

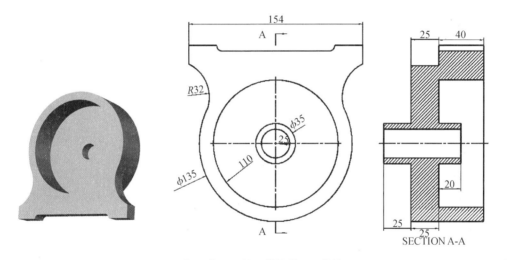

图5-1　船用离心泵盖凹模零件图(单位:mm)

二、任务分析

本项目的重点是制定凹模类零件的铣削加工工艺,设计走刀路线,选择合适的刀具,合理地使用刀具位置补偿和半径补偿,编制加工的数控程序。

【知识链接】

一、刀具长度补偿指令

1. 刀具长度补偿指令(G43/G44/G49)

在编写加工程序时,先不考虑实际刀具的长度,而是按照标准刀具长度或确定一个编程参考点进行编程,如果实际刀具长度和标准刀具长度不一致,可以通过刀具长度补偿功能实现刀具长度差值的补偿。这样,避免了加工运行过程中要经常换刀,每把刀具长度的不同给工件坐标系的设定带来的困难。否则,如果第一把刀具正常切削工件后再更换一把稍长的刀具,若工件坐标系不变,零件将被过切。刀具长度补偿要视情况而定。一般而言,刀具长度补偿对于二坐标和三坐标联动数控加工有效,但对于刀具摆动的四、五坐标联动数控加工,刀具长度补偿则无效,在进行刀位计算时可以不考虑刀具长度,但后置处理计算过程中必须考虑刀具长度。

格式:G43/G44/G49 Z__ H__。

说明:

(1)G43 为刀具长度正补偿。G44 为刀具长度负补偿。Z 指令欲定位至 Z 轴的坐标位置。H 为刀具长度补偿地址码,以两位数字表示,此地址是指刀具补偿号码中的刀具长度补偿号码。例如,H01 表示刀具长度补偿号码为 01 号,01 号的数据 20,即表示该把刀的刀长补偿值 20 mm。

(2)使用 G43 或 G44 指令时,只能有 Z 轴的移动量,若有其他轴向的移动,则会出现警示画面。

(3)G43、G44 为模态代码,如欲取消刀具长度补偿,则以 G49 或 H00 指令之。(G49 表示刀具长度补偿取消,H00 表示补长值为零)

(4)刀具实际位移 = 程序设定值 ± 补偿值

刀具输入的长度补偿值 = 对比刀具长度 – 基准刀具长度。操作中,如果刀具短于基准刀具,则偏置值设置为负值;如果刀具长于基准刀具,则偏置值为正值。刀具长度补偿定义如图 5 – 2 所示。

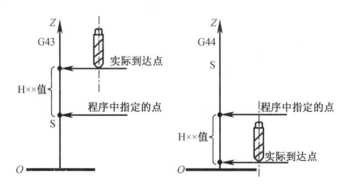

图 5 – 2　刀具长度补偿定义

2.度量刀具长度方法

(1)把工件安装在工作台上。

(2)调整基准刀具轴线,使它接近工件表面上,将相对坐标清零。

(3)更换上要度量的刀具;把该刀具的前端调整到工件表面上。

(4)此时 Z 轴的相对坐标系的坐标作为刀具偏置值输入内存。

如图 5 – 3 所示,在一个加工程序中同时使用三把刀,现将第一把刀作为标准刀具,经对刀操作并测量,第二把刀(T02)较第一把刀短 15 mm,而第三把刀(T03)较第一把刀长17 mm。将三把刀具向下快速移动 100 mm 至零件上方 45 mm 处,如图 5 – 4 所示。三把刀长度补偿的应用见表 5 - 1。

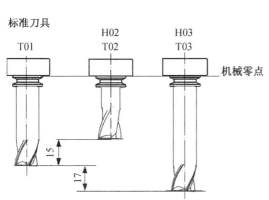

图 5 - 3　刀具长度补偿差值(单位:mm)

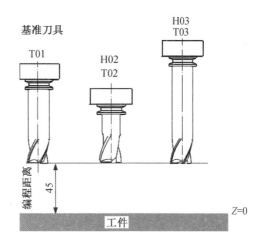

图 5 - 4　经过长度补偿后的刀具位置(单位:mm)

表 5 - 1　刀具长度补偿的应用

刀具号	补偿器号	补偿值	程序	刀具实际移动距离
T01	H01	0	G91 G0 Z - 100	- 100 mm
T02	H02	- 15	G91 G43 G00 Z - 100 H02	- 115 mm
T03	H03	17	G91 G43 G00 Z - 100 H03	- 83 mm

另一种设定刀具长度补偿的方法是把每把刀具长度值设为长度偏移值。首先将刀具装入刀柄,然后在对刀仪上测出每个刀具前端到刀柄校准面(即刀具锥部的基准面)的距离,将此值作为刀具补偿值,最后把刀补值输入到刀具长度存储地址(H××)中,如图 5 - 5 所示。

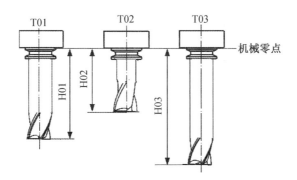

图 5 - 5　刀具长度补偿存储地址

二、刀具长度补偿的设置

1. 工件坐标系原点 Z 的设定

在编程时,工件坐标系原点 Z 一般取在工件的上表面。选择一把刀具为基准刀具(通

常选择加工 Z 轴方向尺寸要求比较高的刀具为基准刀具)。

具体操作如下:

(1)把 Z 轴设定仪放置在工件的水平表面上,主轴上装入基准刀具,移动 X、Y 轴,使刀具尽可能处在 Z 轴设定仪中心的上方。

(2)移动 Z 轴,用基准刀具(主轴禁止转动)压下 Z 轴设定仪圆柱台,使指针指到调整好的"0"位,如图 5－6(a)所示。

(3)把当前的机床坐标减去 50 mm 后的值(－225.120)设置到工件坐标系原点 Z 的位置(G54~G59)。

也可不使用 Z 轴设定仪,而直接用基准刀具进行操作。使基准刀具旋转,移动 Z 轴,使刀具接近工件上表面(应在工件要被切除的部位),当刀具刀刃在工件表面切出一个圆圈(图 5－6(b))或把粘在工件表面的薄纸片(浸有切削液)转飞,把当前的机床坐标(－225.120)设置到工件坐标系原点 Z 的位置,使用薄纸片时,应把当前的机床坐标减去 0.01~0.02 mm。

除基准刀具外,在使用其他刀具时都必须有刀具长度补偿指令(长度补偿有正、有负)。如果基准刀具在切削过程中出现折断,那么重新换上刀具后仍以上面的方法进行操作,得到新的机床坐标 Z,用此 Z 值去减工件坐标系原点 Z 设置处的机床坐标值,并把此值设置到基准刀具的长度补偿处,用长度补偿的方法弥补其 Z 的工件坐标。另外,所有刀具在取消长度补偿时,Z 必须为正(如 G49 Z150);如果 Z 取得较小或为负的,则可能出现刀具与工件相撞的事故。

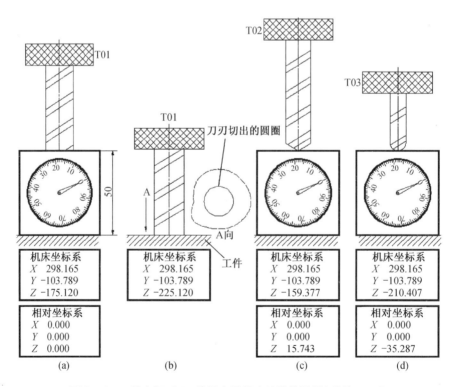

图 5－6　工件坐标系 Z_0 的设定及长度补偿的设置(单位:mm)

2. 刀具长度补偿的设置

如图 5 - 6(a) 所示,基准刀具(T01)压下 Z 轴设定仪的圆柱台,当指针指到"0"位时,记下此时的机床坐标 Z(如 - 175.120),此时基准刀具对应的长度补偿值设置为 0。换上 T02,同样压下 Z 轴设定仪,把此时指针指"0"时的机床坐标(如 - 159.377),如图 5 - 6(c)所示,减去基准刀具时的机床坐标,得到 15.743,把此值设置到 T02 的长度补偿处;对于 T03 刀具,其长度补偿值为 - 35.287,如图 5 - 6(d)所示。

对于有相对坐标清零功能的数控系统,可把基准刀具压下(指针指到"0"位)时的相对坐标 X、Y 和 Z 全部清零,如图 5 - 6(a)所示,当其他刀具压下,指针指到"0"时,其相对坐标 Z(包括正、负,如图 5 - 6(c)、图 5 - 6(d)所示)就是其刀具的长度补偿值。

如果在加工过程中出现某刀具折断而需要更换新的刀具,只需把更换后的刀具压下 Z 轴设定仪,把指"0"时的机床坐标减去基准刀具时的机床坐标,并把所得的值(工件上表面必须部分存在。如果上表面已全部被切除,则通过与工作台平面平行的其他平面接触,通过转换得到)重新去设置此刀具的长度补偿。

【任务实施】

一、船用离心泵盖凹模的工艺分析

此零件尺寸标注正确,轮廓描述完整。110 mm 孔,35 mm 凸台圆加工时需要注意使用刀具半径补偿,凸台在孔里,加工时注意。

1. 确定加工工艺路线

以零件上表面中心作为工件坐标系原点。加工起点和换刀点设为同一点,其位置的确定原则为方便拆卸工件,不发生碰撞,空行程较短等。故加工起点和换刀点设在 X100 Z50 位置。加工工艺路线为:粗铣整个零件→精铣 110 mm 圆→精铣 35 mm 圆→钻 25 mm 孔。

2. 选择切削用量

立铣刀 T01,直径 20 mm;立铣刀 T02,直径 16 mm,钻头 T3,直径 25 mm。上述刀具材料为硬质合金,切削用量见表 5 - 2。

表 5 - 2　数控加工工序(工步)卡片

数控加工工序	零件图号	零件名称	材料	使用设备
(工步)卡片	CDZ - 001	传动轴	45#	数控车床

工步号	工步内容	刀具号	刀具名称	刀具规格	主轴转速 /(r · min^{-1})	进给量 /(mm · r^{-1})	备注
1	粗铣整个零件	T01	立铣刀	20	1 500	150	精加工余量 0.5 mm
2	精铣 110 mm 圆	T02	立铣刀	16	2 000	100	
3	精铣 35 mm 圆	T02	立铣刀	16	2 000	100	
4	钻 25 mm 孔	T03	钻头	25	500	150	

二、船用离心泵盖凹模的数控编程

船用离心泵盖凹模的数控编程见表5－3。

表5－3　船用离心泵盖凹模的数控编程

T01 S2000 M03	T01 S2000 M03
F100	F100
G00 X0y0	G00 X－20y－30
G0z－2	G0z－2
G41G1X55Y0	G41G1X17.5Y－10
G03X55Y0I－55J0	Y0
G0Z150	G02X－17.5Y0I17.5J0
G40Y70	G1Y10
M30	G40Y20
	G0Z150
	M30

三、船用离心泵盖凹模的自动编程

（1）在 UG 软件中打开模型，如图5－7、图5－8所示。

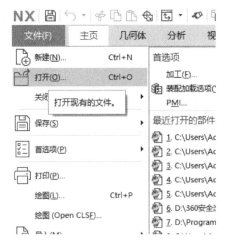

图5－7　文件菜单

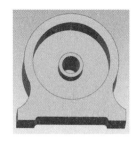

图5－8　凹模模型

（2）切换到加工模块，如图5－9所示。

（3）创建刀具，直径25 mm钻头，直径20 mm立铣刀，16 mm立铣刀，如图5－10所示。

（4）创建几何体和工件坐标系，如图5－11所示。

（5）创建工序钻孔工序，如图5－12所示。

（6）选择创建类型 hole_making，程序、刀具、几何体以及方法的选择如图5－13所示，然后点击"确定"键,出现如图5-14所示的界面,进行相关参数的设置,结果如图5-15所示。

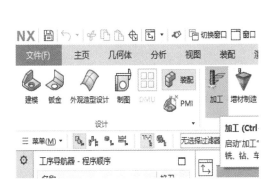

图5-9　菜单栏

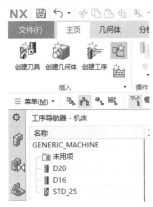

图5-10　刀具的设置

图5-11　创建几何体

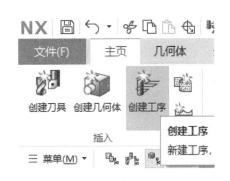

图5-12　创建工序

图5-13　创建类型

图5-14　参数设置

(7)创建铣110 mm孔刀路,如图5-16所示,指定部件边界,如图5-17所示,结果如图5-18所示。

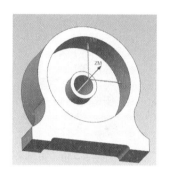

图 5 – 15　创建结果

图 5 – 16　创建工序

图 5 – 17　选择曲线

图 5 – 18　生成结果

（8）创建铣 110 mm 孔和 35 mm 孔之间的刀路，复制刀路，粘贴刀路，如图 5 – 19 所示。修改参数铣 110 mm 孔和 35 mm 孔之间的刀路，如图 5 – 20 所示。仿真查看加工结果，如图 5 – 21 所示。

图 5 – 19　复制刀路

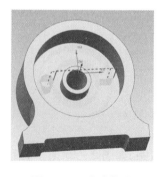

图 5 – 20　生成轨迹

图 5 – 21　加工仿真

【实训加工】

一、船用离心泵盖凹模的数控加工

(1)实训目的与要求:

①了解数控铣床的切削控制机理。

②学习数控加工编程中的数值计算方法。

③学习数控加工编程中刀具半径补偿功能。

(2)仪器与设备:

①立式数控铣床若干台。

②45#钢毛坯一块(长×宽×高):120 mm×80 mm×20 mm。

③工量具准备

游标卡尺	0~150 mm/0.02 mm
钢直尺	0~200 mm
百分表	0~10 mm/0.01 mm

工具准备:木锤、扳手

(3)输入零件程序,进行程序校验及加工轨迹仿真,修改程序。

(4)进行对刀操作,自动加工。

二、船用离心泵盖凹模的质检

1. 检测工件

使用所提供的量具对船用离心泵盖凹模进行测量,填写表5-4。量具的使用注意事项参考前面实施的项目。

2. 填写加工评分表

加工评分表见表5-4。

表5-4　船用离心泵盖凹模加工评分表

操作时间	4学时		组别		机床号		总分			
序号	项目		考核内容	评 分 标 准	配分	自检	自评	互检	互评	
1	外形		110 mm	每超差0.1 mm扣1分,扣完为止	2					
			35 mm	每超差0.1 mm扣1分,扣完为止	2					
			253 mm	每超差0.01 mm扣1分,扣完为止	3					
2	孔		25 mm	每超差0.1 mm扣1分,扣完为止	3					
			$Ra1.6\ \mu m$	酌情扣1~5分	5					

表 5－4（续）

序号	项目	考核内容	评分标准	配分	自检	自评	互检	互评
3	其他	⫽ | 0.02 | A	不合格不得分	4				
		⏥ | 0.04 | B	不合格不得分	4				
4	编制程序	正确建立工件坐标系		2				
		程序代码正确		5				
		刀具轨迹显示正确		3				
5	操作数控铣床	开机及系统复位		1				
		装夹工件		2				
		输入及修改程序		2				
		正确设定对刀点		2				
		建立刀补		2				
		自动运行		1				
		正确使用倍率开关		1				
6	设备、工、量、刃具的正确使用和维护保养	执行操作规程		1				
		正确使用工、量、刃具		1				
7	安全文明生产	安全生产		1				
		文明生产		1				
	合计			100				

评分标准：表面粗糙度增值该项不得分，刀具轨迹显示不正确及对刀点、刀补设定不正确时，视为不合格，按相应酌情扣分

小组签字	

三、实训总结

数控系统一般具有刀具半径补偿功能，根据工件轮廓尺寸编制的加工程序以及预先存放在数控系统内存中的刀具中心偏移量，系统自动计算刀具中心轨迹，并控制刀具进行加工，利用刀具半径补偿功能可使用同一程序而对零件实现粗、精加工。

【项目测试】

一、项目导入

加工学生实训单中的零件，材质为 45# 钢。

学生实训单

项目名称	模板的数控加工		
所需时间	4 学时	所用设备	CAK6140 数控车床
项目描述 （单位:mm）			
项目要求	1. 技能要求 (1)合理地选择加工刀具； (2)合理地安排加工工艺,选择合适的加工参数,填写数控加工工序（工步）卡片； (3)正确编制数控加工程序,并录入数控机床进行校核； (4)操作机床在规定时间内完成零件加工,并进行尺寸检验。 2. 职业素质要求 (1)勤于思考,积极探索,团结协作； (2)具备较高的职业素养与职业意识		

二、加工检测

编程、加工后,将检测结果填入表 5-5。

表 5-5　测试件加工评分表

操作时间	4 学时	组别		机床号		总分				
序号	考核项目		考核内容及要求	评分标准		配分	自检	自评	互检	互评
1	上下平面		$16^{+0.25}_{-0.05}$ mm	每超差 0.01 mm 扣 2 分,扣完为止		15				
	侧面		(70 ± 0.05) mm	每超差 0.01 mm 扣 2 分,扣完为止		10				
	型腔轮廓		(50 ± 0.03) mm	每超差 0.01 mm 扣 2 分,扣完为止		10				
	圆凸台		$\phi 20$ mm ± 0.03 mm	每超差 0.01 mm 扣 2 分,扣完为止		10				

表 5 − 5(续)

序号	考核项目	考核内容及要求	评分标准	配分	自检	自评	互检	互评
2	型腔深度	(5 ± 0.02)mm	每超差 0.01 mm 扣 2 分,扣完为止	10				
3	表面粗糙度	Ra3.2 μm	酌情扣 1 ~ 6 分	6				
		Ra6.3 μm	酌情扣 1 ~ 4 分	4				
2	编制程序	正确建立工件坐标系		2				
		程序代码正确		5				
		刀具轨迹显示正确		3				
3	操作数控铣床	开机及系统复位		1				
		装夹工件		3				
		输入及修改程序		3				
		正确设定对刀点		2				
		建立刀补		3				
		自动运行		1				
		正确使用倍率开关		2				
4	设备,工、量、刃具的正确使用和维护保养	执行操作规程		1				
		正确使用工、量、刃具		5				
5	安全文明生产	安全生产		2				
		文明生产		2				
	合计			100				

评分标准:尺寸每超差 0.01 扣 2 分,形状位置精度超差该项不得分,表面粗糙度增值该项不得分。刀具轨迹显示不正确及对刀点、刀补设定不正确时,视为不合格

小组签字	

【知识拓展】FANUC 0i Mate-MC 数控系统的数控铣床操作

一、FANUC 0i Mate-MC 数控系统的操作面板

FANUC 0i Mate-MC 数控系统的操作面板如图 5 − 22 所示,数控系统的操作面板由两部分组成:上半部分为系统操作面板,下半部分为机床操作面板。各键说明参见 FANUC 0i Mate-TC 数控车床操作部分。

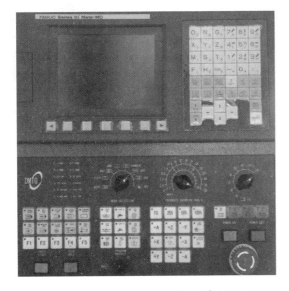

图 5 – 22 FANUC 0i Mate-MC 数控系统的操作面板

二、数控铣床的加工过程

1. 通电开机,回参考点

(1)将机床后面的电源开关旋至"ON"位置,按数控系统的"电源启动"按钮,接通电源。机床工作指示灯亮,风扇启动,润滑泵、液压泵启动。

(2)旋开"急停"按钮,系统完成上电复位。

(3)选择"返回参考点"工作方式,先将 Z 轴回参考点,点击操作面板上的" +Z"按钮,此时 Z 轴回参考点,Z 轴回参考点指示灯变亮。同样,再分别按" +X"" +Y",使 X 轴和 Y 轴回参考点,X 轴、Y 轴回参考点指示灯变亮。

2. 手动操作

手动操作有三种类型:手动连续进给、增量进给、手轮进给。

3. 安装零件,设置工件坐标系

(1)安装精密平口钳(或 V 形块),并进行找正。

首先将工作台面和平口钳(或 V 形块)的底部擦拭干净。将平口钳(或 V 形块)安装在工作台的中部。然后将 T 形槽螺钉稍加紧固,用百分表对固定钳面拉直找正后再卡紧固定螺栓。如图 5 – 23 和图 5 – 24 所示。

(2)安装零件

安装零件时,注意要使零件的上表面高出钳口至少6 mm,用百分表找正零件后,使用扳手紧固平口钳夹紧 V 形块和零件。使用两个 V 形块装夹轴类零件时,应注意调整好 V 形块与工作台进给方向的平行度及轴心线与工作台台面的平行度。

图5-23　用百分表找正虎钳到正确位置

图5-24　在工作台上找正 V 形块位置

（3）确定工件坐标系及对刀

设定工件坐标系就是找出工件坐标系的零点在机床坐标系中的坐标值。下面采用杠杆百分表（或千分表）对刀。如图5-25所示，其操作步骤如下：

用磁性表座将杠杆百分表吸在机床主轴端面上并利用手动使主轴低速正转。

手动操作使旋转的表头依 X、Y、Z 的顺序逐渐靠近孔壁（或圆柱面）。

移动 Z 轴，使表头压住被测表面，指针转动约 0.1 mm。

逐步降低手动脉冲发生器的 X、Y 移动量，使表头

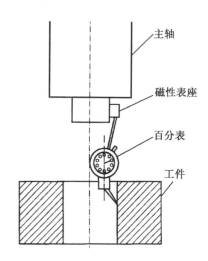

图5-25　采用杠杆百分表对刀

旋转一周时，其指针的跳动量在允许的对刀误差内，如 0.02 mm，此时可认为主轴的旋转中心与被测孔中心重合。

记下此时机床坐标系中的 X、Y 坐标值。此 X、Y 坐标值即为 G54 指令建立工件坐标系时的偏置值。若用 G92 建立工件坐标系，保持 X、Y 坐标不变，刀具沿 Z 轴移动到某一位置，则指令形式为 G92 X0 Y0。

这种操作方法比较麻烦，效率较低，但对刀精度较高，对被测孔的精度要求也较高，最好是经过铰或镗加工的孔，仅粗加工后的孔不宜采用。

4. 安装刀具，设置刀具补偿值

（1）安装刀具

按照刀具卡片先将所使用的刀具和刀柄分别组装，准备好。

（2）刀具补偿值输入

按"OFSET/SET"键切换刀具磨损补偿和刀具形状补偿的界面。由于刀具使用一段时间后磨损，会使产品尺寸产生误差，因此需要对刀具设定磨损量补偿。步骤详见数控车部分。

5. 编辑程序并试切

（1）输入与修改程序。

（2）空运行。

将机床锁住,空运行程序,检查程序中可能出现的错误。

单段运行,首件试切:降低"进给倍率开关",选择"自动"工作方式和"单段"工作方式,按"循环启动"键,运行程序。这样可以逐段检查程序,注意观察执行每一段程序时刀具的位置是否正确。

首件试切完毕后,应对其进行全面检测,必要时进行适当的修改程序或调整机床,直到加工件全部合格后,程序编制工作才算结束。

6. 加工零件

在"自动"工作方式下运行零件程序,进行零件的加工,这时应注意切削过程中个别零件尤其是铸件的加工余量不均匀,适当调整"进给倍率开关",从而改变程序给定的进给速度。

7. 检验零件,程序存档

卸下加工完毕的零件,进行机床清理和维护。零件加工过程中要对零件的关键工序尺寸进行逐项测量,避免精加工后才发现部分尺寸超差。

将调整好的程序输出到计算机中或使用其他方法记录存档,以备再次使用。

项目六 船用柴油机气缸盖孔的
数控编程与加工

【任务引入】

一、任务描述

船用柴油机气缸盖零件图如图 6-1 所示,根据该零件图上孔的类型进行工艺分析、数控编程、仿真加工和实际加工。

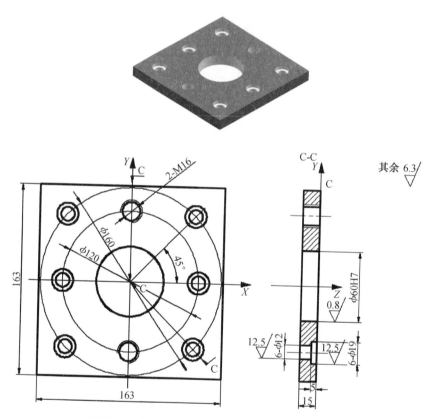

图 6-1 船用柴油机气缸盖零件图(单位:mm)

二、任务分析

本项目的重点是制定孔类零件的加工工艺,设计走刀路线,选择合适的刀具,合理地使用刀具位置补偿和半径补偿,编制孔类零件加工的数控程序。

【知识链接】

一、孔加工循环指令应用

1. 钻孔指令(CYCLE81)

格式:CYCLE81(RTP,RFP,SDIS,DP,DPR)。

说明:刀具按照编程的主轴速度和进给率钻孔直至到达输入的最后的钻孔深度。如图6－2所示。

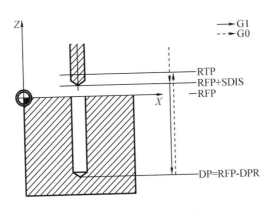

图6－2　CYCLE81 钻孔循环

各参数说明见表6－1。

表6－1　CYCLE81 参数表

参数	类型	说明
RTP	real	返回平面(绝对)
RFP	real	参考平面(绝对)
SDIS	real	安全间隙(无符号输入)
DP	real	最后钻孔深度(绝对)
DPR	real	相当于参考平面的最后钻孔深度(无符号输入)

如果一个值同时输入给 DP 和 DPR,最后钻孔深度则来自 DPR。

例6－1　使用钻孔循环指令钻图6－3所示的3个孔。可使用不同的参数调用它。程序如下:

```
G00 G17 G90 F200 S300 M3      技术值定义
D1 T3 Z110                     接近返回平面
X40 Y120                       接近初始钻孔位置
CYCLE81(110,100,2,35)          使用绝对最后钻孔深度调用循环
Y30                            移到下一个钻孔位置
```

```
CYCLE81(110,102,,35)              无安全间隙调用循环
X90                               移到下一个钻孔位置
CYCLE81(110,100,2,,65)            使用相对最后钻孔深度调用循环
M02                               程序结束
```

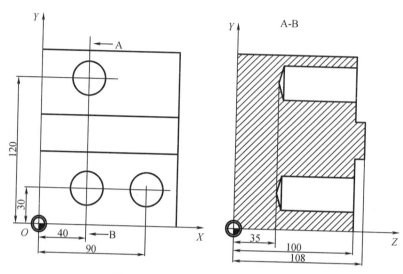

图6-3　钻孔循环举例(单位:mm)

2. 中心钻孔(CYCLE82)

格式:CYCLE82(RTP,RFP,SDIS,DP,DPR,DTB)。

说明:刀具按照编程的主轴速度和进给率钻孔直至到达最后的钻孔深度。到达最后钻孔时允许停顿。如图6-4所示。

其中,参数 RTP、RFP、SDIS、DP、DPR 的说明同 CYCLE81 指令;DTB:real,最后钻孔深度时的停顿时间(断屑),单位为秒。

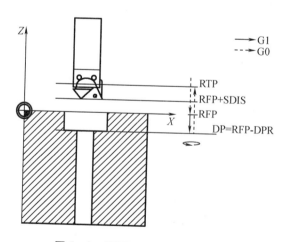

图6-4　**CYCLE82 中心钻孔循环**

例6-2　使用CYCLE82,程序在 *XY* 平面中的 X24 Y15 处加工一个深 27 mm 的单孔。

编程的停顿时间是 2 秒,钻孔轴 Z 轴的参考平面为 102 mm,安全间隙是 4 mm。程序如下:

```
G0 G17 G90 F200 S300 M3          技术值定义
D1 T10 Z110                       回到返回平面
X24 Y15                           回到钻孔位置
CYCLE82(110,102,4,75,,2)          循环调用
M02                               程序结束
```

3. 深孔钻孔(CYCLE83)

格式:CYCLE83(RTP,RFP,SDIS,DP,DPR,FDEP,FDPR,DAM,DTB,DTS,FRF,VARI)。

说明:

(1)刀具以编程的主轴速度和进给率开始钻孔直至定义的最后钻孔深度,如图 6 – 5 所示。深孔钻削是通过多次执行最大可定义的深度并逐步增加直至到达最后钻孔深度来实现的。

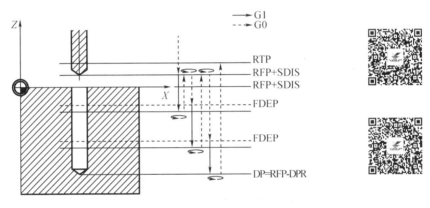

图 6 – 5　CYCLE83 深孔钻孔循环

(2)钻头可以在每次进给深度完成以后退回到参考平面 + 安全间隙用于排屑,或者每次退回 1 mm 用于断屑。

其中,参数 RTP、RFP、SDIS、DP、DPR 的说明同 CYCLE81 指令,其他参数说明见表 6 – 2。

表 6 – 2　CYCLE83 参数表

参数	类型	说明
FDEP	real	起始钻孔深度(绝对值)
FDPR	real	相当于参考平面的起始钻孔深度(无符号输入)
DAM	real	递减量(无符号输入)
DTB	real	最后钻孔深度时的停顿时间(断屑),单位为秒
DTS	real	起始点处和用于排屑的停顿时间
FRF	real	起始钻孔深度的进给率系数(无符号输入)
VARI	int	加工类型:断屑 =0,排屑 =1

例 6 - 3 在 *XY* 平面中的位置 X80 Y120 和 X80 Y60 处程序执行循环 CYCLE83,钻孔深度均为 145 mm,参考平面为 150 mm。首次钻孔时,停顿时间为零且加工类型为断屑。最后钻深和首次钻深的值为绝对值。第二次循环调用中编程的停顿时间为 1 秒,选择的加工类型是排屑,最后钻孔深度相对于参考平面。这两种加工下的钻孔轴都是 *Z* 轴。程序如下:

```
G00 G17 G90 F50 S500 M4                         技术值定义
D1 T2
Z155                                            接近返回平面
X80 Y120                                         到达首次钻孔位置
CYCLE83(155,150,2,5,0,100,,20,0,0,1,0)           调用循环
X80 Y60                                          回到下一次钻孔位置
CYCLE83(155,150,2,,145,,50,20,1,1,0.5,1)         调用循环
M02                                             程序结束
```

二、攻丝指令

1. 攻丝指令(CYCLE84)

格式:CYCLE84(RTP,RFP,SDIS,DP,DPR,DTB,SDAC,MPIT,PIT,POSS,SST,SST1)。

说明:刀具以编程的主轴速度和进给率进行钻削直至定义的最终螺纹深度,如图 6 - 6 所示。CYCYLE84 可以用于刚性攻丝。对于带补偿夹具的攻丝,可以使用另外的循环指令 CYCLE840。

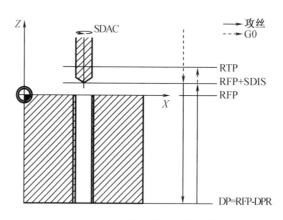

图 6 - 6 CYCLE84 刚性攻丝

其中,参数 RTP、RFP、SDIS、DP、DPR 的说明同 CYCLE81 指令,其他参数说明见表 6 - 3。

表 6 – 3　CYCLE84 参数表

参数	类型	说明
DTB	real	螺纹深度时的停顿时间（断屑）
SDAC	int	循环结束后的旋转方向值:3,4 或 5(用于 M3、M4 或 M5)
MPIT	real	螺距螺纹尺寸决定(有符号)，数值范围3(用于 M3)~48(用于 M48);符号决定了在螺纹中的旋转方向
PIT	real	螺距由数值决定(有符号)，数值范围:0.001~2 000.000 mm;符号决定了在螺纹中的旋转方向
POSS	real	循环中定位主轴的位置(以度为单位)
SST	real	攻丝速度
SST1	real	退回速度

例 6 – 4　在 *XY* 平面中的位置 X30 Y35 处进行不带补偿夹具的刚性攻丝;攻丝轴是 *Z* 轴,如图 6 – 7 所示。未编程停顿时间;编程的深度值为相对值。必须给旋转方向参数和螺距参数赋值。被加工螺纹公称直径 M5。程序如下:

```
G54 G90
T1 D1 M3 S200                         技术值的定义
G00 Z40
X30 Y35                               接近钻孔位置
CYCLE84(40,36,2,,30,,4,5,,90,100,200)  循环调用
M02                                   程序结束
```

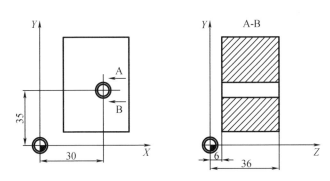

图 6 – 7　刚性攻丝举例(单位:mm)

2. 带补偿夹具攻丝(CYCLE840)

格式:CYCLE840(RTP,RFP,SDIS,DP,DPR,DTB,SDR,SDAC,ENC,MPIT,PIT)。

说明:刀具以编程的主轴速度和进给率钻孔直至到达所定义的最后螺纹深度。使用此循环,可以进行带补偿夹具的攻丝。

其中,参数 RTP、RFP、SDIS、DP、DPR、SDR、SDAC、MPIT、PIT 的说明同 CYCLE84 指令;ENC:real,带/不带编码器攻丝值:0 = 带编码器;1 = 不带编码器。

例 6 - 5

（1）无编码器攻丝

在 *XY* 平面中的位置 X30 Y35 处进行无编码器攻丝；攻丝轴 Z 轴，如图 6 - 8 所示。必须给旋转方向参数 SSR 和赋值；参数 ENC 的值为 1，深度的值是绝对值可以忽略螺距参数 PIT。加工时使用补偿夹具。程序如下：

G90 G0 T1 D1 S500 M3	技术值定义
G17 X30 Y35 Z60	接近钻孔位置
G1 F200	决定路径进给率
CYCLE840(50,36, ,6,0,1,4,3,1, ,)	循环调用
M02	程序结束

（2）带编码器攻丝

此程序用于在 *XY* 平面中的位置 X30 Y35 处的带编码器攻丝。攻丝轴是 Z 轴，如图 6 - 8 所示。必须定义螺距参数，旋转方向自动颠倒已编程。加工时使用补偿夹具。程序如下：

G90 G00 T1 D1 S500 M4	技术值定义
G17 X30 Y35 Z60	接近钻孔位置
CYCLE840(50,36, ,6,0,0,4,3,0,0,3.5)	循环调用
M02	程序结束

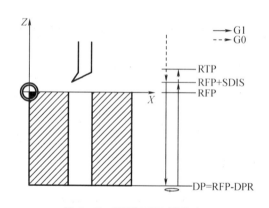

图 6 - 8　CYCLE85 镗孔 1

三、镗孔指令

1. 铰孔 1（镗孔 1）（CYCLE85）

格式：CYCLE85（RTP, RFP, SDIS, DP, DPR, DTB, FFR, RFF）。

说明：刀具按照编程的主轴速度和进给率钻孔直至到达输入的最后钻孔深度。如图 6 - 8 所示。

其中，参数 RTP、RFP、SDIS、DP、DPR、DTB 的说明同 CYCLE82 指令，其他参数说明见表 6 - 4。

表 6-4　CYCLE85 参数表

参数	类型	说明
FFR	real	进给率
RFF	real	退回进给率

例 6-6　CYCLE85 在 *XY* 平面中的 X70 Y50 处调用,铰孔轴是 *Z* 轴。循环调用中最后钻孔深度的值是作为相对值来编成的;未编程停顿时间,工件的上沿在 Z102 处。如图 6-9 所示。程序如下:

```
T1 D1
G00 X70 Y50 Z105                              接近钻孔位置
CYCLE85(105,102,2,,25,,300,450)              循环调用
M02                                          程序结束
```

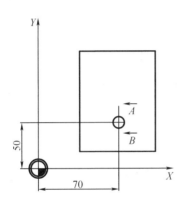
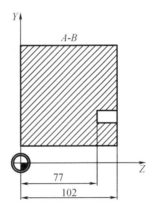

图 6-9　镗孔 1(单位:mm)

2.镗孔(镗孔 2)(CYCLE86)

格式:CYCLE86(RTP,RFP,SDIS,DP,DPR,DTB,SDIR,RPA,RPO,RPAP,POSS)。

说明:刀具按照编程的主轴速度和进给率钻孔直至到达输入的最后钻孔深度。如图 6-10 所示。

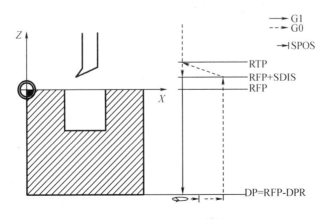

图 6-10　CYCLE86 镗孔 2

其中,参数 RTP、RFP、SDIS、DP、DPR、DTB 的说明同 CYCLE85 指令,其他参数说明见表 6 - 5。

表 6 - 5 CYCLE86 参数表

参数	类型	说明
SDIR	int	旋转方向值:3(用于 M3),4(用于 M4)
RPA	real	平面中第一轴上(横坐标)的返回路径(增量,带符号输入)
RPO	real	平面中第二轴上(纵坐标)的返回路径(增量,带符号输入)
RPAP	real	镗孔轴上的返回路径(增量,带符号输入)
POSS	real	循环中定义主轴停止的位置(以度为单位)

例 6 - 7 CYCLE86 在 *XY* 平面中的 X70 Y50 处调用,编程的最后钻孔深度为绝对值 Z77;未定义安全间隙;在最后钻孔深度处的停顿时间是 2 秒,工件的上沿在 Z110 处。在此循环中,主轴以 M3 旋转并停在 45 度位置。程序如下:

```
G00 G17 G90 F200 S300 M3                        技术值的定义
T1 D1 Z112                                      接近返回平面
X70 Y50                                         接近钻孔位置
CYCLE86(112,110,,77,0,2,3,-1,-1,1,45)           使用绝对钻孔深度调用循环
M02                                             程序结束
```

3. 铰孔 2(镗孔 3)(CYCLE87)

格式:CYCLE87(RTP,RFP,SDIS,DP,DPR,DTB,SDIR)。

说明:刀具按照编程的主轴速度和进给率钻孔直至到达输入的最后钻孔深度。一旦到达钻孔深度,便激活了主轴停止功能和编程的停止,按"NC START"键继续快速返回直至到达返回平面。如图 6 - 11 所示。

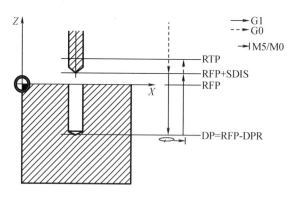

图 6 - 11 CYCLE87 镗孔 3

其中,参数 RTP、RFP、SDIS、DP、DPR、DTB、SDIR 的说明同 CYCLE85 指令。

例 6 - 8 CYCLE87 在 *XY* 平面中的 X70 Y50 处调用,编程的最后钻孔深度为绝对值 Z77,最后钻孔深度为绝对值定义,工件的上沿在 Z110 处;安全间隙为 2 mm;在循环中 M3 有效。程序如下:

```
G00 G17 G90 F200 S300                           技术值的定义
T3 D1 Z113                                      接近返回平面
```

```
X70 Y50                               接近钻孔位置
CYCLE87(113,110,2,77,,3,)             调用循环
M02                                   程序结束
```

4.带停止钻孔1(镗孔4)(CYCLE88)

格式:CYCLE88(RTP,RFP,SDIS,DP,DPR,DTB,SDIR)。

说明:刀具按照编程的主轴速度和进给率钻孔直至到达输入的最后钻孔深度。一旦到达钻孔深度,便激活了主轴停止功能和编程的停止,按"NC START"键继续快速返回直至到达返回平面。如图6-12所示。

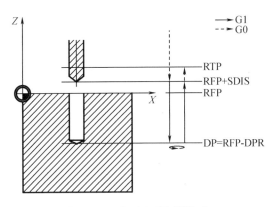

图6-12　CYCLE88 镗孔4

其中,参数 RTP、RFP、SDIS、DP、DPR、DTB、SDIR 的说明同 CYCLE85 指令。

例6-9　CYCLE88 在 XY 平面中的 X80 Y90 处调用,编程的最后钻孔深度定义为参考平面的相对值 Z30;安全间隙为 3 mm,工件的上沿在 Z102 处。程序如下:

```
G00 G17 G90 F100 S450                 技术值的定义
X80 Y90 Z105                          接近钻孔位置
CYCLE88(105,102,3,,30,3,4)            调用循环
M02                                   程序结束
```

5.带停止钻孔2(镗孔5)(CYCLE89)

格式:CYCLE89(RTP,RFP,SDIS,DP,DPR,DTB)。

说明:刀具按照编程的主轴速度和进给率钻孔直至到达输入的最后钻孔深度。如果到达了最后钻孔深度,可以编程停顿时间。如图6-13所示。

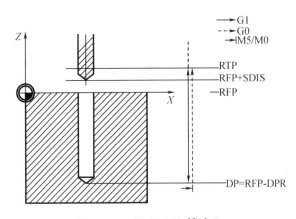

图6-13　CYCLE89 镗孔5

其中,参数 RTP、RFP、SDIS、DP、DPR、DTB 的说明同 CYCLE85 指令。

例 6 - 10 CYCLE89 在 *XY* 平面中的 X80 Y90 处调用,镗孔轴是 *Z* 轴,最后钻孔深度定义为绝对值;安全间隙为 5 mm。程序如下:

DEF REAL RFP,RTP,DP,DTB	参数定义
RFP = 102 RTP = 107 DP = 72 DTB = 3	定义值
G00 G17 G90 F100 S450 M4	技术值的定义
X80 Y90 Z107	接近钻孔位置
CYCLE89(RTP,RFP,5,DP,,DTB)	调用循环
M02	程序结束

【任务实施】

一、船用柴油机气缸盖孔的工艺分析

1. 确定加工方案

该零件选择 163 mm × 163 mm × 15 mm 的毛坯,采用平口钳装夹,先选 A3 的中心钻打定位孔,选 ϕ12 mm 钻头钻孔;ϕ19 mm 键槽铣刀扩孔;2 - M16 的螺纹孔需要先钻至 ϕ14 mm,再选 M16 mm 的丝锥攻丝;ϕ60H7 的大孔因表面粗糙度需 *Ra*0.8 mm,需要钻孔、粗镗、半精镗和精镗完成,其中粗镗由 ϕ38 mm 加工至 ϕ59 mm,每刀单边余量为 3 mm,最后一刀粗镗单边余量为 1.5 mm。工件坐标系原点位于零件上表面中心位置,如图 6 - 14 所示。

2. 填写工序卡片

选用机用平口钳装夹工件,校正平口钳固定钳口的平行度以及工件上表面的平行度后夹紧工件。工件坐标系原点位于零件上表面的中心位置,利用光电寻边器找正零件 *X*、*Y* 轴零点,利用 *Z* 轴设定仪找正零件 *Z* 轴零点。加工时的切削参数见表 6 - 6。

表 6 - 6　盖板零件工序卡片

单位名称	渤海船院	产品名称或代号		零件名称		零件图号	
				盖板件		A01	
工序号	程序名	夹具名称		使用设备		车间	
1		机用平口钳		VMC50 - 60A		数控实训中心	
工步号	工步内容	刀具号	刀具规格 /mm	主轴转速 /(r · min⁻¹)	进给速度 /(mm · min⁻¹)	刀具长度补偿 /mm	备注
1	钻定位孔		中心钻/A3	1000	100		
2	钻孔 ϕ38 mm	T1	ϕ38 mm	150	40	105	
3	粗镗至 ϕ59 mm	T2	粗镗刀	100	30	45	
4	半精镗至 ϕ59.8 mm	T2	粗镗刀	100	30		

表 6 − 6（续）

工步号	工步内容	刀具号	刀具规格 /mm	主轴转速 /(r·min⁻¹)	进给速度 /(mm·min⁻¹)	刀具长度补偿 /mm	备注
5	精镗至 φ60H7	T3	精镗刀	200	25	25	
6	钻孔 2 − φ14 mm	T1	麻花钻 φ14 mm	600	50	85	
7	攻丝 2 − M16 mm	T1	丝锥 M16 mm	100	50	25	
8	钻孔 6 − φ12 mm	T1	麻花钻 φ12 mm	700	60	5	
9	铣孔 6 − φ19 mm	T1	铣刀 φ19 mm	400	50	25	
编制		审核		批准		年 月 日 共　页 第　页	

二、船用柴油机气缸盖孔的数控编程

船用柴油机气缸盖孔的数控编程见表 6 − 7 至表 6 − 9。

表 6 − 7　船用柴油机气缸盖孔的数控编程（一）

DWK. MPF;打定位孔	ZK38. MPF;钻 φ38 mm 孔
G54 G90 G17 G94 G40	G54 G90 G17 G94 G40
T1 D1 M03 S1000 F100	T1 D1 M03 S150 F40
G00 Z50	G00 Z50
X0 Y0	X0 Y0
CYCLE81(10,0,5, − 3, ,)	CYCLE81(10,0,5, − 20, ,)
X60 Y0	G00 Z50
CYCLE81(10,0,5, − 3, ,)	M05
X56. 56 Y56. 56	M30
CYCLE81(10,0,5, − 3, ,)	
X0 Y60	
CYCLE81(10,0,5, − 3, ,)	
X − 56. 56 Y56. 56	TK60. MPF;镗 φ60 mm 孔至 φ59 mm
CYCLE81(10,0,5, − 3, ,)	G54 G90 G17 G94 G40
X − 60 Y0	T1 D1 M03 S200 F25
CYCLE81(10,0,5, − 3, ,)	G00 Z50
X − 56. 56 Y − 56. 56	X0 Y0
CYCLE81(10,0,5, − 3, ,)	CYCLE86(10,0,5, − 20, , ,3,1,1,0,0)
X0 Y − 60	G00 Z50
CYCLE81(10,0,5, − 3, ,)	M05
X56. 56 Y − 56. 56	M30
CYCLE81(10,0,5, − 3, ,)	说明:实际加工时,半精镗至 φ59. 8 mm,精镗至 φ60H7 均可采用 TK60. MPF,精镗时需换成精镗刀 T3。仿真加工时采用铣刀代替镗刀
G00 Z50	
M05	
M30	

表 6-8　船用柴油机气缸盖孔的数控编程(二)

ZK14. MPF;钻 ϕ14 孔	GXM16. MPF;攻丝 M16(仿真可用 ϕ16 mm 平底刀代替)
G54 G90 G17 G94 G40	G54 G90 G17 G94 G40
T1 D1 M03 S600 F50	T1 D1 M03 S100 F50
G00 Z50	G00 Z50
X0 Y60	X0 Y60
CYCLE81(10,0,5,-20,,)	CYCLE84(10,0,5,-20,,,4,16,,0,200,250)
X0 Y-60	X0 Y-60
CYCLE81(10,0,5,-20,,)	CYCLE84(10,0,5,-20,,,4,16,,0,200,250)
G00 Z50	G00 Z50
M05	M05
M30	M30

表 6-9　船用柴油机气缸盖孔的数控编程(三)

ZK12. MPF;钻 ϕ12 孔	
G54 G90 G17 G94 G40	XK19. MPF;铣孔 ϕ19 mm
T1 D1 M03 S700 F60	可使用 ZK12. MPF;钻 ϕ12 mm 孔程序,只是将 ϕ12 mm 钻头替换为
G00 Z50	ϕ19 mm 的铣刀,将切削深度由 -20 mm 改为 -5 mm,孔底暂停 1 s。
X60 Y0	注意修改刀具长度补偿值
CYCLE81(10,0,5,-20,,)	
X56. 56 Y56. 56	
CYCLE81(10,0,5,-20,,)	
X-56. 56 Y56. 56	
CYCLE81(10,0,5,-20,,)	
X-60 Y0	
CYCLE81(10,0,5,-20,,)	
X-56. 56 Y-56. 56	
CYCLE81(10,0,5,-20,,)	
X56. 56 Y-56. 56	
CYCLE81(10,0,5,-20,,)	
G00 Z50	
M05	
M30	

三、船用柴油机气缸盖孔的自动编程

(1)在 UG 软件中打开模型,如图 6-14、图 6-15 所示。

(2)切换到加工模块,如图 6-16 所示。

(3)创建刀具,直径 12 mm,14 mm 钻头,12 mm 立铣刀,16 mm 丝锥,如图 6-17 所示。

（4）创建几何体和工件坐标系，如图6-18所示。

（5）创建钻孔工序。具体创建过程及设置如图6-19、图6-20、图6-21所示，创建结果如图6-22所示。

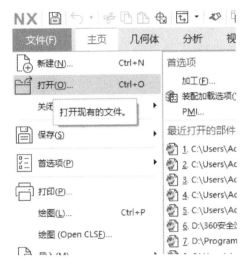

图6-14　菜单栏　　　　　　　　　　　图6-15　打开模型

图6-16　加工模块

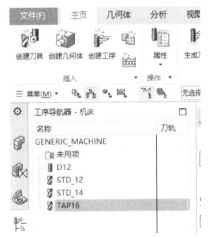

图6-17　设置刀具

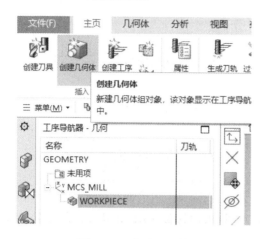

图 6-18 创建几何体

图 6-19 创建工序

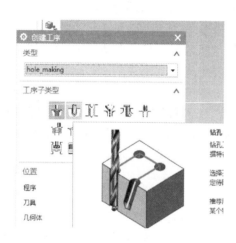

图 6-20 创建结果

图 6-21 设置几何体

（6）复制刀路，粘贴刀路，如图 6-23 所示。修改参数，钻底孔 14 mm，如图 6-24 所示。

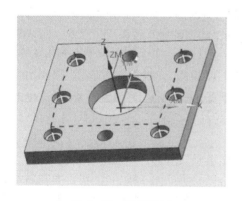

图 6-22 设置结果

图 6-23 复制刀路

（7）创建 16 mm 攻丝工序，如图 6 - 25、图 6 - 26 所示。

图 6 - 24　生成轨迹

图 6 - 25　创建攻丝工序

（8）创建铣 19 mm 孔刀路，复制刀路，粘贴刀路，如图 6 - 27、图 6 - 28、图 6 - 29 所示。

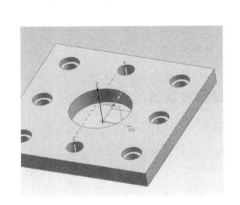

图 6 - 26　生成轨迹

图 6 - 27　创建工序类型

图 6 - 28　生成刀路

图 6 - 29　复制、粘贴刀路

（9）修改参数铣 60 mm 孔，如图 6-30 所示。

（10）仿真查看加工结果，如图 6-31 所示。

图 6-30　修改孔参数

图 6-31　查看结果

【实训加工】

一、船用柴油机气缸盖孔的数控加工

（1）实训目的与要求：

①了解中等复杂零件的数控铣削加工工艺过程。

②熟练掌握数控铣床的编程与操作。

③完成本零件的孔系加工。

（2）仪器与设备：

①SIEMENS 系统数控铣床若干台。

②45#钢，毛坯一块（长×宽×高）：163 mm×163 mm×15 mm。

③工量具准备

游标卡尺　　　　　　0~150 mm/0.02 mm

钢直尺　　　　　　　0~200 mm

内径百分表　　　　　50~160 mm/0.01 mm

百分表　　　　　　　0~10 mm/0.01 mm

工具准备：木锤、扳手、百分表。

（3）输入零件程序，进行程序校验及加工轨迹仿真，修改程序。

（4）进行对刀操作，自动加工。

二、船用柴油机气缸盖孔的质检

1. 检测工件

使用所提供的量具对船用柴油机气缸盖进行测量,填写表 6 – 10。量具的使用注意事项参考前面实施的项目。

2. 填写加工评分表

参见表 6 – 10。

表 6 – 10　船用柴油机气缸盖加工评分表

操作时间	4 学时	组别		机床号		总分		
序号	项目	考核内容	评分标准	配分	自检	自评	互检	互评
1	外形	163 mm × 163 mm	每超差 0.1 mm 扣 1 分,扣完为止	4				
		15 mm	每超差 0.1 mm 扣 1 分,扣完为止	2				
		45°	超差不得分	8				
		5 mm	每超差 0.1 mm 扣 1 分,扣完为止	3				
2	孔	6 – ϕ12 mm	每超差 0.1 mm 扣 2 分,扣完为止	6				
		Ra12.5 μm	酌情扣 1 ~ 6 分	6				
		6 – ϕ19 mm	每超差 0.1 mm 扣 2 分,扣完为止	6				
		Ra12.5 μm	酌情扣 1 ~ 6 分	6				
		ϕ60H7	每超差 0.1 mm 扣 2 分,扣完为止	8				
		Ra0.8 μm	酌情扣 1 ~ 5 分	5				
		2 – M16 mm	不合格不得分	10				
3	编制程序	正确建立工件坐标系		4				
		程序代码正确		5				
		刀具轨迹显示正确		2				
4	操作数控铣床	开机及系统复位		1				
		装夹工件		2				
		输入及修改程序		5				
		正确设定对刀点		2				
		建立刀补		2				
		自动运行		2				
		正确使用倍率开关		2				

表 6 – 10（续）

序号	项目	考核内容	评分标准	配分	自检	自评	互检	互评
5	设备，工、量、刀具的正确使用和维护保养	执行操作规程		2				
		正确使用工、量、刀具		3				
6	安全文明生产	安全生产		2				
		文明生产		2				
合计				100				

评分标准：尺寸公差范围 ±0.1 mm，每超差 0.1 mm 扣 3 分，相应尺寸酌情扣分；表面粗糙度增值该项不得分；刀具轨迹显示不正确及对刀点、刀补设定不正确时，视为不合格

小组
签字

三、实训总结

（1）孔加工的特点是，刀具的刀心在 XY 平面内定位到孔的中心，然后在 Z 方向做一定的切削运动。根据实际选用刀具和编程指令的不同，可以实现钻孔、铰孔、镗孔等加工形式。

通常 IT7 ~ IT8 级的孔采用以下加工方法：

①孔径 $D \leqslant 20$ mm，采用钻—扩—铰；

②孔径 20 mm $< D \leqslant 80$ mm 或位置精度要求较高的孔，采用钻—扩—镗或钻—铣—镗。

（2）注意事项：

①刀具及切削用量的合理选用。

②各种孔加工循环指令的合理选择。

③不同类型孔的加工深度的计算。

④加工零件过程中一定要提高警惕，将手放在"急停"按钮上，如遇紧急情况，迅速按下"急停"按钮，防止意外事故的发生。

【项目测试】

一、项目导入

加工学生实训单中的零件，材质为 45#钢。

学生实训单

项目名称	端盖的数控加工		
所需时间	4 学时	所用设备	CAK6140 数控车床
项目描述 （单位：mm）	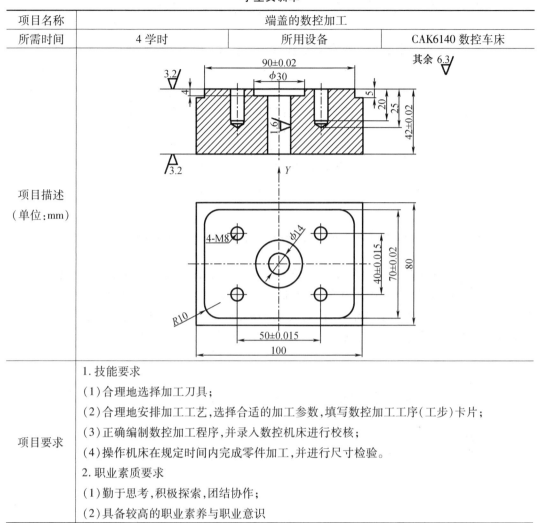		
项目要求	1. 技能要求 （1）合理地选择加工刀具； （2）合理地安排加工工艺，选择合适的加工参数，填写数控加工工序（工步）卡片； （3）正确编制数控加工程序，并录入数控机床进行校核； （4）操作机床在规定时间内完成零件加工，并进行尺寸检验。 2. 职业素质要求 （1）勤于思考，积极探索，团结协作； （2）具备较高的职业素养与职业意识		

二、加工工序（工步）卡片

工序（工步）卡片见表 6 - 11。

表 6 - 11　工序（工步）卡片

零件号：LJ100		程序号：		机床型号：XK714A		编写者：	
序号	加工内容	刀具类型	刀具号	主轴转速 /（r·min⁻¹）	进给速度 /（mm·min⁻¹）	切削深度 /mm	备注
1	粗铣 90 mm × 70 mm 外轮廓	ϕ16 mm 立铣刀	T1	600	80	4.8	单边留 0.15 mm
2	精铣 90 mm × 70 mm 外轮廓	ϕ16 mm 立铣刀	T1	800	105	5	

表 6 – 11(续)

序号	加工内容	刀具类型	刀具号	主轴转速 /(r·min⁻¹)	进给速度 /(mm·min⁻¹)	切削深度 /mm	备注
3	钻定位孔	φ4 mm 中心钻	T2	1 000	150	5	
4	钻 φ13.9 mm 通孔	φ12.9 mm 钻头	T3	800	100	45	CYCLE83 排屑功能
5	钻 4 – M8 mm 的 底孔	φ6.7 mm 钻头	T4	1 000	80	25	CYCLE83 排屑功能
6	粗铣 φ30 mm 沉孔	φ12 立铣刀	T5	800	80	4	
7	铰 φ13 mm 孔	φ13 铰刀	T6	40	20	45	
8	M8 mm 螺纹孔	M8 mm 丝锥	T7				手工

三、加工检测

编程、加工后,将检测结果填入表 6 – 12。

表 6 – 12　测试件加工评分表

操作时间	180	组别		机床号		总分			
序号	项目	考核内容	评分标准		配分	自检	自评	互检	互评
1	外形	100 mm	每超差 0.1 mm 扣 1 分,扣完为止		2				
		80 mm	每超差 0.1 mm 扣 1 分,扣完为止		2				
		(90 ± 0.02) mm	每超差 0.01 mm 扣 2 分,扣完为止		4				
		(70 ± 0.02) mm	每超差 0.01 mm 扣 2 分,扣完为止		4				
		(42 ± 0.02) mm	每超差 0.01 mm 扣 2 分,扣完为止		4				
		4 – R10 mm	每超差 0.1 mm 扣 2 分,扣完为止		8				
		Ra3.2 μm	酌情扣 1 ~ 8 分		8				

表 6 – 12（续）

序号	项目	考核内容	评分标准	配分	自检	自评	互检	互评
2	孔	φ14 mm 通孔	每超差 0.1 mm 扣 1 分,扣完为止	3				
		Ra1.6 μm	酌情扣 1 ~ 4 分	4				
		φ30 mm 沉孔	每超差 0.1 mm 扣 2 分,扣完为止	4				
		4 – M8 mm	不合格不得分	20				
		(50 ± 0.015) mm	每超差 0.01 mm 扣 2 分,扣完为止	4				
		(40 ± 0.015) mm	每超差 0.01 mm 扣 2 分,扣完为止	4				
3	编制程序	正确建立工件坐标系		2				
		程序代码正确		5				
		刀具轨迹显示正确		1				
4	操作数控铣床	开机及系统复位		2				
		装夹工件		4				
		输入及修改程序		2				
		正确设定对刀点		2				
		建立刀补		2				
		自动运行		2				
		正确使用倍率开关		3				
5	设备,工、量、刃具的正确使用和维护保养	执行操作规程		2				
		正确使用工、量、刃具		2				
6	安全文明生产	安全生产		2				
		文明生产		5				
	合计			100				

评分标准:尺寸每超差 0.2 扣 2 分,形状位置精度超差该项不得分,表面粗糙度增值该项不得分。刀具轨迹显示不正确及对刀点、刀补设定不正确时,视为不合格

小组签字	

【知识拓展】FANUC 系统的孔加工固定循环

一、孔加工固定循环

钻孔、镗孔、深孔钻削、攻螺纹、拉镗等加工工序所需完成的顺序动作十分典型,每个孔

的加工过程相同:快速定位、孔加工、快速退出,这样使用固定循环指令,可以简化编程。表 6 - 13 是 FANUC 0i 系统的固定循环指令表,包括 13 种固定循环指令。

表 6 - 13　FANUC 0i 系统的固定循环指令表

G 指令	功能	孔加工动作	孔底动作	退刀方式	用途
G73	高速深孔钻	间歇进给		快退	断屑方式,啄式深孔钻
G74	左旋攻螺纹	切削进给	暂停,主轴正转	切削进给	攻左旋螺纹
G76	精镗孔	切削进给	进给暂停、主轴准停、刀具沿刀尖反向移动	快退	精镗孔
G81	钻孔	切削进给		快退	定位孔和一般钻孔加工
G82	锪钻	切削进给	暂停	快退	盲孔,锪孔加工
G83	深孔钻削	间歇进给		快退	排屑方式
G84	攻螺纹	切削进给	暂停,主轴反转	切削进给	攻右旋螺纹
G85	镗孔	切削进给		切削进给	粗镗孔
G86	镗孔	切削进给	主轴停止	快退	半精镗孔
G87	背镗孔	切削进给	主轴正转	快退	背镗孔
G88	镗孔	切削进给	暂停,主轴停止	手动	手动退刀镗孔
G89	镗孔	切削进给	暂停	切削进给	镗阶梯孔
G80	取消孔加工				

以上指令中,常用的有 G76、G81、G83、G84 和 G86。

1. 固定循环的 6 个动作组成

如图 6 - 32 所示的固定循环由以下 6 个动作组成:

动作 1:X、Y 轴快速定位到孔的中心位置。

动作 2:Z 轴快速移动到 R 点。

动作 3:孔加工至 Z 点。

动作 4:孔底的动作,包括刀具暂停、主轴准停、刀具移位等。

动作 5:返回到 R 点。继续孔的加工而又可以安全移动刀具时,返回 R 点。

动作 6:返回到初始点,孔加工完成后一般应返回初始点。

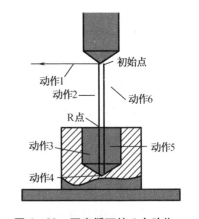

图 6 - 32　固定循环的 6 个动作

R 点是刀具进给由快速转变为切削的转换点,从 R 点位置始,刀具以切削进给速度下刀。R 点距工件表面距离叫切入距离。通常在已加工表面上钻孔、镗孔、铰孔,切入距离为 2 ~ 5 mm;在毛坯面上钻孔、镗孔、铰孔,切入距离为 5 ~ 8 mm;攻螺纹时,切入距离为 5 ~ 10 mm。

2. 与孔加工有关的指令

（1）G90 和 G91 指令

固定循环指令中地址 R 与地址 Z 的数据指定与 G90 或 G91 的方式选择有关。在 G90 方式下，R 与 Z 一律取其终点坐标值。在 G91 方式下，R 是自初始点到 R 点间的距离，Z 是自 R 点到孔底平面上 Z 点的距离。两者的区别是 G90 编程方式中的 Z、R 点的数据是工件坐标系 Z 轴的坐标值，而 G91 编程方式中的 Z、R 点的数据是相对前一点的增量值。编程时建议尽量采用绝对坐标编程。

（2）G98 和 G99 指令

G98 和 G99 决定刀具在返回时到达的平面。G98 指令刀具返回到初始点，如图 6 - 33 （a）所示。G99 指令刀具返回到 R 点，如图 6 - 33（b）所示。

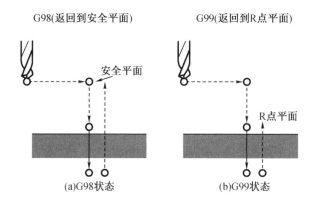

图 6 - 33　G98 与 G99 的区别

（3）孔加工固定循环指令格式

G90/G91 G98/G99 G73 ~ G89 X_Y_Z_R_P_Q_F_K_。

表 6 - 14 说明了各地址指定的加工参数的含义，在以后的指令中不再解释。

表 6 - 14　固定循环程序段参数说明

指令和参数	说明
指令 G90、G91	G90 用绝对坐标值编程；G91 用增量坐标值编程
指令 G98、G99	G98 指刀具从孔底返回到安全平面；G99 指刀具从孔底返回到 R 点平面
孔位置参数 X、Y	指定被加工孔中心的位置
孔加工参数 Z	绝对值方式指 Z 轴孔底的位置，增量值方式指从 R 点到孔底的向量
孔加工参数 R	绝对值方式指 R 点的位置，增量值方式指从初始点到 R 点的向量
孔加工参数 Q	指定 G73 和 G83 中的 Z 向进刀量；G76 和 G87 中退刀的偏移量
孔加工参数 P	孔底动作，指定暂停时间，单位为毫秒
孔加工参数 F	切削进给速率。从 R 点到 Z 点的运动以 F 指定的切削进给速度进行
重复次数 K	指定当前定位孔的重复次数，如果不指令 K，NC 认为 K = 1

（4）图示符号说明

在解释孔加工固定循环指令时，解释图中使用符号如图6－34所示。

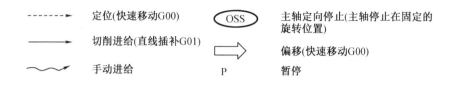

> ------→ 　定位(快速移动G00)
> ——→ 　切削进给(直线插补G01)
> ～～→ 　手动进给
> (OSS)　　主轴定向停止(主轴停止在固定的旋转位置)
> ⇨　　　偏移(快速移动G00)
> P　　　暂停

图6－34　固定循环指令图中使用符号含义

二、孔加工循环指令

1.钻孔循环 G81 和 G82

格式:G98/G99　G81　X_Y_Z_R_F_。

格式:G98/G99　G82　X_Y_Z_R_P_F_。

说明:G81指令主要用于中心钻加工定位孔和一般孔加工,孔深小于5倍直径的孔,如图6－35所示。G82与G81指令的区别是在孔底有进给暂停,孔底平整、光滑,适用于盲孔,锪孔加工,如图6－36所示。

钻孔过程如下:

动作1:钻头在安全平面内快速定位到孔中心(初始点);

动作2:钻头沿Z轴快速移动到R点;

动作3:钻孔加工;

动作4:孔底暂停(G83有此动作,G81无此工作);

工作5:快速回退到安全平面或R点平面。

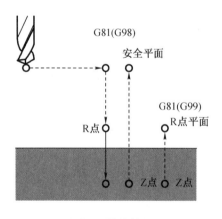

图6－35　钻孔循环 G81

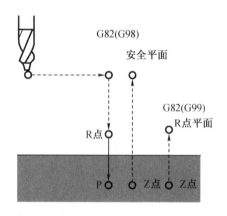

图6－36　钻孔循环 G82

例 6 – 11　如图 6 – 37 所示要加工 4 – M12 mm 的螺纹,需要先钻 4 个底孔,标准 M12 mm 的螺纹螺距为 1.75 mm,根据普通螺纹钻底孔用钻头直径计算公式:

$$D_0 = d - (1 \sim 1.1)P$$

式中,D_0 为攻螺纹前钻头直径,mm;d 为螺纹公称直径,mm;P 为螺纹螺距,mm;

通过公式计算选 ϕ10.2 mm 的钻头。按#1、#2、#3、#4 的位置顺序钻孔,编程如下:

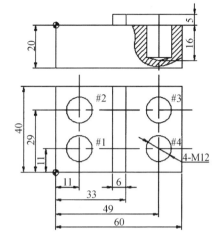

图 6 – 37　钻孔和攻螺纹实例

G54 G90	建立工件坐标系
T1D1 S1000 M03	设定主轴转速
G00 Z20 M08	钻头快速到安全平面
X11 Y11	快速定位到#1 孔中心位置
G99 G81 Z – 16 R5 F60	钻#1 孔,返回 R 点平面
G98 Y29	钻#2 孔,返回安全平面
G99 X49	钻#3 孔,返回 R 点平面
G98 Y11	钻#4 孔,返回安全平面
G00 X0 Y0 M09	钻头回原点,关冷却液
M30	程序结束

2. 深孔钻削循环 G73 和 G83

格式:G98/G99 G73/G83　X_Y_Z_R_Q_F_。

说明:深度大于 5 倍孔径的孔为深孔,深孔加工不利于排屑和散热,故采用间歇进给,每次进给深度为 Q,最后一次进给深度 $\leq Q$。G73 的退刀量 d 由系统设定,如图 6 – 37 所示。G83 每次进刀 Q 后快速返回到 R 面,更有利于小孔深孔加工中的排屑,如图 6 – 39 所示。

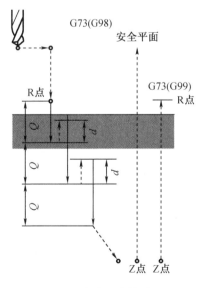

图 6 – 38　高速啄式钻孔 G73

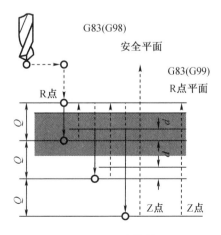

图 6 – 39　深孔钻削 G83

深孔钻过程如下：

动作 1：钻头在安全平面内快速定位到孔中心（初始点）；

动作 2：钻头沿 Z 轴快速移动到 R 点；

动作 3：钻孔加工，深度为 Q；

动作 4：退刀，退刀量为 d（G73，图 6 - 37）或退回 R 点平面（G83，图 6 - 38）；

动作 5：重复动作 3,4 直至要求的加工深度。

动作 6：快速回退到安全平面或 R 点平面。

3. 攻螺纹循环 G74 和 G84

格式：G98/G99 G74/G84 X_Y_Z_R_P_F_。

说明：攻螺纹要求主轴转速与进给速度 F 成严格的比例关系，攻螺纹的进给速率（mm/min）= 导程（mm/rev）× 主轴转速（rev/min）。

G74 指令主轴反转攻螺纹，正转并以进给速度退出，退至 R 点后主轴恢复原来的反转，如图 6 - 40 所示。G84 指令主轴正转攻螺纹，反转并以进给速度退出，退至 R 点后主轴恢复原来的正转，如图 6 - 41 所示。指令执行中，进给速率调整钮无效。加工过程中按下进给暂停键，循环在动作结束之前也不会停止。

攻螺纹过程如下：

动作 1：主轴正转（G84）或反转（G74），丝锥在安全平面内快速定位到孔中心；

动作 2：丝锥沿 Z 轴快速移动到 R 点；

动作 3：攻丝；

动作 4：主轴反转（G84）或正转（G74），丝锥以进给速度退回至 R 点平面；

动作 5：使用 G98 指令时，丝锥快速回退到安全平面。

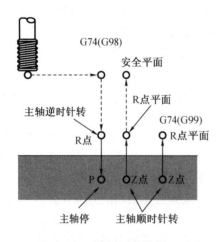

图 6 - 40 攻左旋螺纹循环 G74

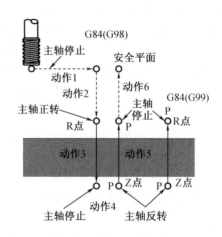

图 6 - 41 攻右旋螺纹循环 G84

例 6 - 12 如图 6 - 37 所示攻 4 个 M12 mm 的螺纹，螺纹深度为 10 mm，选 φ12 mm 丝锥，设定主轴转速为 100 rev/min，导程为 1.75 mm/rev，攻螺纹的进给度 F = 导程 × 主轴转

速 $=1.75 \times 100 = 175$ mm/min。按#1、#2、#3、#4 的位置顺序加工,编程如下:

G54 G90	建立工件坐标系,绝对坐标编程
T1D1 S100 M03	设定主轴转速
G00 Z20 M08	丝锥快速到安全平面,开冷却液
X11 Y11	快速定位到#1 孔中心位置
G99 G84 Z -10 R5 F175	攻#1 螺纹,返回 R 点平面
G98 Y29	攻#2 螺纹,返回安全平面
G99 X49	攻#3 螺纹,返回 R 点平面
G98 Y11	攻#4 螺纹,返回安全平面
G00 X0 Y0 M09	丝锥回工件坐标系原点,关冷却液
M30	程序结束

4. 镗孔循环 G85 和 G86

格式:G98/G99 G85/G86 X_Y_Z_R_F_。

说明:G86 指令除了在孔底位置主轴停止并以快速进给向上提升外,其余与 G85 相同。如图 6 - 42 和图 6 - 43 所示。

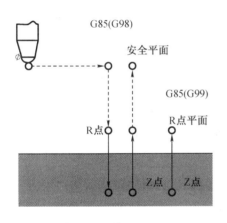

图 6 - 42 镗孔循环 G85

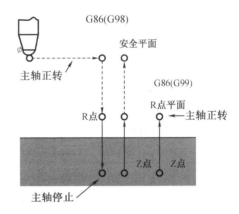

图 6 - 43 镗孔循环 G86

镗孔过程如下:

动作 1:镗刀在安全平面内快速定位到孔中心(初始点);

动作 2:镗刀沿 Z 轴快速移动到 R 点;

动作 3:镗孔加工;

动作 4:主轴停(G86 有此动作,G85 无此工作);

动作 5:镗刀快速回退到安全平面或 R 点平面。

5. 精镗孔循环 G76

格式:G98/G99 G76X_Y_Z_R_Q_F_K__。

说明:与 G85 的区别是,G76 在孔底有三个动作,即进给暂停、主轴准停(主轴定向)、刀具沿刀尖的反向移动 Q 值,然后快速退出,当镗刀退回到 R 点或安全平面时,刀具中心即回

复原来位置,且主轴恢复转动。Q 值一定是正值,偏移方向可用参数设定选择 $+X$, $+Y$,
$-X$ 及 $-Y$ 的任何一个。指定 Q 值时不能太大,以避免碰撞工件,如图 6－44 所示。

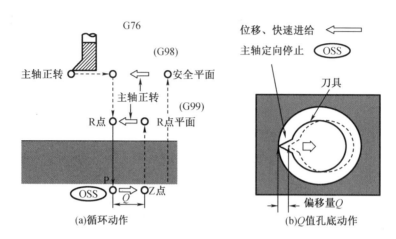

图 6－44　精镗循环 G76

精镗过程如下:

动作 1:镗刀在安全平面内快速定位到孔中心(初始点);

动作 2:镗刀沿 Z 轴快速移动到 R 点;

动作 3:镗孔加工;

动作 4:进给暂停、主轴准停(主轴定向)、刀具沿刀尖的反向移动 Q 值;

动作 5:镗刀快速回退到安全平面或 R 点平面。

6.(反)背镗孔循环 G87

格式:G98／G99 G87 X_Y_Z_R_Q_F_。

说明:反镗削循环也称背镗循环,如图 6－45(a)所示,刀具运动到起始点 B(X,Y)后,
主轴定向停止,刀具沿刀尖所指的反方向偏移 Q 值,快速运动到孔底位置,接着沿刀尖所指
方向偏移回 E 点,主轴正转,刀具向上进给运动镗孔,到 R 点,主轴又定向停止,刀具沿刀尖
所指的反方向偏移 Q 值,如图 6－45(b)所示,快退,沿刀尖所指正方向偏移到 B 点,主轴正
转,本加工循环结束。

7.镗孔循环、手动退回 G88

格式:G98／G99 G88 X_Y_Z_R_F_。

如图 6－46 所示,在孔底暂停 P 所指定的时间且主轴停止转动,操作者可用手动微调方
式将刀具偏移后往上提升。欲恢复程控时,则将操作模式设于"自动执行"再按下"循环启
动"键,其余与 G82 相同。

8.锪镗孔、镗阶梯孔循环 G89

格式:G98／G99　G89　X_Y_Z_R_P_F_K_。

说明:如图 6－47 所示,除了在孔底位置暂停 P 所指定的时间外,其余与 G85 相同。

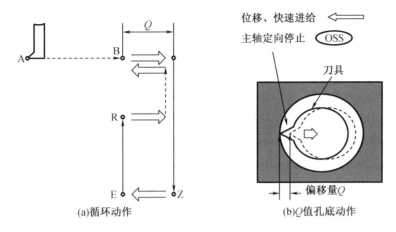

图 6 – 45　精镗循环 G87

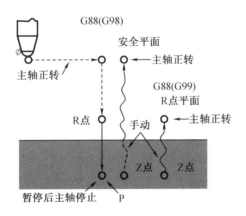

图 6 – 46　镗孔循环、手动退回 G88

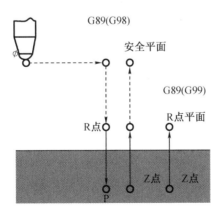

图 6 – 47　镗阶梯孔循环 G89

三、编写 FANUC 0i 系统数控加工程序

编写 FANUC 0i 系统数控加工程序见表 6 – 15、表 6 – 16。

表 6 – 15　编写 FANUC 0i 系统数控加工程序 (一)

O1001；打定位孔	O1002；钻 ϕ38 mm 孔
G54 G90 G17 G94 G40	G54 G90 G17 G94 G40
T1 D1 M03 S1000 F100	T1 D1 M03 S150 F40
G00 Z50	G00 Z50
X0 Y0	X0 Y0
G81 Z – 3 R5	G81 Z – 20 R5
X60 Y0	G00 Z50
G81 Z – 3 R5	M05
X56.56 Y56.56	M30
G81 Z – 3 R5	
X0 Y60	
G81 Z – 3 R5	O1003；镗 ϕ60 mm 孔至 ϕ63 mm
X – 56.56 Y56.56	G54 G90 G17 G94 G40
G81 Z – 3 R5	T1 D1 M03 S200 F25
X – 60 Y0	G00 Z50
G81 Z – 3 R5	X0 Y0
X – 56.56 Y – 56.56	G86 Z – 20 R5
G81 Z – 3 R5	G00 Z50
X0 Y – 60	M05
G81 Z – 3 R5	M30
X56.56 Y – 56.56	
G81 Z – 3 R5	
G00 Z50	
M05	
M30	

· 154 ·

表 6-16　编写 FANUC 0i 系统数控加工程序(二)

O1004;钻 Φ14 孔	O1005;钻 ϕ12 mm 孔
G54 G90 G17 G94 G40	G54 G90 G17 G94 G40
T1 D1 M03 S600 F50	T1 D1 M03 S700 F60
G00 Z50	G00 Z50
X0 Y60	X60 Y0
G81 Z-20 R5	G81 Z-20 R5
X0 Y-60	X56.56 Y56.56
G81 Z-20 R5	G81 Z-20 R5
G00 Z50	X-56.56 Y56.56
M05	G81 Z-20 R5
M30	X-60 Y0
	G81 Z-20 R5
O1006;攻丝 M16(仿真可用 Φ16 平底刀代替)	X-56.56 Y-56.56
G54 G90 G17 G94 G40	G81 Z-20 R5
T1 D1 M03 S600 F50	X56.56 Y-56.56
G00 Z50	G81 Z-20 R5
X0 Y60	G00 Z50
G84 Z-20 R5 P1	M05
X0 Y-60	M30
G84 Z-20 R5 P1	
G00 Z50	O1007;铣孔 ϕ19 mm
M05	可使用"O1005;钻 ϕ12 mm 孔程序",只是将
M30	ϕ12 mm 钻头替换为 ϕ19 mm 的球头铣刀,将切削
	深度由 -20 mm 改为 -5 mm,孔底暂停 1 s。注意
	修改刀具长度补偿值

参 考 文 献

[1]张丽华.数控编程与加工[M].北京：北京理工大学出版社,2014.

[2]张丽华,马立克.数控编程与加工技术：基础篇[M].3版.大连：大连理工大学出版社,2018.

[3]金大玮,张春华,华欣.中文版 UG NX 12.0 完全实战技术手册[M].北京:清华大学出版社,2018.

[4]王睿.数控加工工艺编制与实施[M].北京:北京理工大学出版社,2014.

[5]徐海军,王海英.CAXA 制造工程师 2013 数控加工自动编程教程[M].北京:机械工业出版社,2014.